孙亮 主编

香志·

东垩黄庭坚

知识产权出版社
全国百佳图书出版单位

图书在版编目（CIP）数据

香志·香圣黄庭坚/孙亮主编.—北京：知识产权出版社，2018.7
ISBN 978-7-5130-5680-9

Ⅰ.①香… Ⅱ.①孙… Ⅲ.①香料—文化—中国②黄庭坚（1045-1105）—生平事迹 Ⅳ.①TQ65②K825.6

中国版本图书馆CIP数据核字(2018)第148863号

责任编辑：邓 莹 高 超　　责任校对：王 岩
封面设计：品 序　　　　　　责任印制：刘译文

香志·香圣黄庭坚

孙 亮 主编

出版发行：知识产权出版社有限责任公司	网　　址：http://www.ipph.cn
社　　址：北京市海淀区气象路50号院	邮　　编：100081
责编电话：010-82000860转8346/8383	责编邮箱：dengying@cnipr.com
发行电话：010-82000860转8101/8102	发行传真：010-82000893/82003279
印　　刷：三河市国英印务有限公司	经　　销：各大网上书店、新华书店及相关专业书店
开　　本：700mm×1000mm 1/16	印　　张：7.5
版　　次：2018年7月第1版	印　　次：2018年7月第1次印刷
字　　数：100千字	定　　价：99.00元

ISBN 978-7-5130-5680-9

出版权专有　侵权必究
如有印装质量问题，本社负责调换。

总策划

孙 亮 公 虹

组织编撰

中国民俗学会中国香文化研究中心
中国非物质文化遗产保护协会香文化专业委员会
北京市石景山区非物质文化遗产保护中心

中国香文化研究系列丛书《香志》
出版志贺

尝谓香圣黄庭坚有"香十德"之论；
由此我深切感知：香，确乎是
健康、快乐、雅致生活的好伴侣！

刘魁立

中国社会科学院荣誉学部委员、中国民俗学会名誉会长刘魁立先生为本书出版题写贺词

哀哀流年詎忍過 蕭深工燈早地室貯香多
書盡還重讀詩成慢自哦
向令無此壽將奈旅愁何

永夜東齋裏人聲靜不譁
衣篝烈香穗書几落燈花
爐暖聽寒雨窗明送曉鴉
文章空自苦白首不名家

燕堂東偏一室頗深暖盡日率
用於吏牘比夜乃得讀書其間戲作

放翁詩鈔 丙申正月廿五

中国社会科学院文学所研究员扬之水先生抄录放翁香诗致贺本书出版

目 录

序一 / 朝戈金　　　　　　　　　　　　　　　　　　　　　　　Ⅰ

序二 / 孙亮　　　　　　　　　　　　　　　　　　　　　　　　Ⅲ

香圣黄庭坚 / 孙亮　　　　　　　　　　　　　　　　　　　　　1

香圣偈二首 / 孙亮　　　　　　　　　　　　　　　　　　　　　19

香圣赋并序 / [日]早川太基　　　　　　　　　　　　　　　　　23

《香十德》作者非黄庭坚之考辨 / 孙亮　　　　　　　　　　　　29

诗人之嗅觉——从黄庭坚笔下的"香"谈起 / [日]早川太基　　 47

黄庭坚与日本香文化 / [日]蜂谷宗苾　　　　　　　　　　　　　69

闻香悟道——海南沉香雕刻作品"木樨松风终趣禅"

　　　创作历程 / 韩智华　　　　　　　　　　　　　　　　　 75

婴香漫谈 / 吴晓锋　　　　　　　　　　　　　　　　　　　　　91

《制婴香方帖》赏析 / 龙文　　　　　　　　　　　　　　　　 101

《花气熏人帖》赏析 / 龙文　　　　　　　　　　　　　　　　 105

序　一

本书是中国民俗学会中国香文化研究中心主任孙亮先生领衔编纂的"香文化研究系列丛书"的第一种。按照计划，以后每成熟一个专题都会以专业丛书的方式定期发布。这个出版计划的宗旨，是围绕博大精深的中国传统香文化，渐次确定专题，延请香界达人和学界专家协同攻关；通过专精研讨和认真撰述，稳健推进香文化的专业研究和知识普及。我特别看重这种有长线规划、有从容心态、有蚂蚁啃骨头精神的计划，因为这才是推动学科建设和学术进步的取态和方略。

中国香文化，传承历史久远，实践形态丰富，文献资料浩如烟海。今天，香文化吸引着无数人的关注：有沉潜其间的，有热心追踪的，也有只抱着一点好奇心的。中国香文化研究中心在探究学问的同时还担负着社会责任，那就是向读者推介准确的香文化知识和正确的习香之道和品香方法。这个看上去好像不算高精尖又不太复杂的目标，要想达成却颇为不易。今天的社会，但凡有热点的地方多有商机，于是就会有围观打诨的喧嚣，亦会有名不副实的吆喝等。在这个大环境里，持中守正，遵循正典，不以利益为诉求，这份心意和追求，尤可首肯。

险心游万仞，
　躁欲生五兵。

隐几香一炷，

灵台湛空明。

这是"香圣"黄庭坚的诗句，意思是习香能够使人神清气爽，心无他物，明心见性，洞澈清识，臻达开悟、证道之境界。细读这本书里的文字，其实也如习香，不止开卷有益，还能增进识见，沉潜心性，宁静致远。

是为序。

朝戈金

中国社会科学院学部委员

中国社会科学院民族文学研究所所长

中国民俗学会会长

2018年8月3日

序 二

谈到中国文化中的"香",一般人脑海中会反应出不同的事物,或敬神之香,或焚香抚琴,或烹调之料,或医药香方。香文化涵括的方面实在太广,从宗教到民俗、医药到饮食、文艺到哲学、工艺到贸易,几乎贯穿于中国传统文化的所有领域。但是,迄今为止以"中国香文化"为中心的学术研究却十分薄弱,不成体系。可以说,香文化研究在学术领域尚处于待开垦状态。然而,香文化却是中国传统文化中不容忽视的重要组成部分。"香"不仅在宗教、医药、文艺、民俗等诸多文化领域中居于重要位置,更关涉中国思想史、哲学史中一些重要观念的形成。香文化是中国传统文化为基础吸纳域外文化后孕育出的以嗅觉为核心的独特文化体系。

对中国香文化的溯源研究,西人已有宏论,如美国历史学家 Silvio Bedini 认为西汉之前的烧燎敬神与其后域外香料传入后的用香存在分野。中国学人是否应与其对话?可见,全面梳理中国香文化的源流、范围、内涵与现状,建立一门以香文化为中心的学术门类,是传承发展中华优秀传统文化的题中应有之义。中国香文化,是中国人在漫长文明进程中围绕对诸般香料之识别、加工、使用而发展出来的,以芬芳嗅觉为核心的文化实践与意识形态。"香"既可"通天""通神",也可"通窍""通人"。

在中国人的文化生活中，一切以嗅觉感官为基础来体验、认知芬芳气味，从而发展出的系统性文化实践，都可以视之为香文化。

从香文化的历史实践看，"香"已经从狭义的感官文化，拓展为精神层面的生活、审美、哲学和信仰文化，表征着中华文化"天人和合""一气充塞"的价值认同。在宏观的人类文明视野中，天然香料作为一种能引起人类普遍精神愉悦感的芬芳物质，虽然并非生存必需品，但是香料却始终伴随着人类历史进程，有时甚至是历史发展的关键角色。比如亚欧大陆各个区域之间的香料流通，深刻影响了各个区域的文明演进。著名的"丝绸之路""海上丝绸之路（香料之路）""佛教北传、南传""地理大发现"等，背后都有规模庞大的香料、香品流通。"嗅觉"既是一个生理学问题，也是文化问题。

从生理构造来说，人的嗅觉感受器，嗅黏膜位于鼻腔顶部，这里的嗅细胞受到挥发性物质刺激产生神经冲动，并沿嗅神经传入大脑皮层从而引起嗅觉反应。人的嗅觉受外因影响很大。但从文化角度看，不同文化群体对嗅觉的感知与接受有很大差异。除了气味，中国香文化还特别重视香料燃烧后产生的烟雾。在中国人对香料的使用中，燃烧是最主要的方式之一。尤其是在宗教信仰领域，香料燃烧产生的"烟"往往是仪式有效性的标志。这种"烟"由可视的颗粒物组成，大量颗粒物聚集并在空气中移动，形成了芬芳嗅觉之外的视觉感受。"烟"是燃香的附带产物，但是它也有自身独特的文化涵义。比如古代祭天仪式，烟柱是连接天人的媒介。再比如沈复的《浮生六记·闲情记趣》是描写香烟缭绕意象的文学名篇，香烟在他的笔下变成了一个微观的审美世界。

总的来说，中国传统香文化中的常见香料，比如沉香、檀香、甲香、麝香等，在适当浓度范围内都能引起人类普遍的芬芳嗅觉，令人精神愉悦，从而延伸出各种文化行为。因此，嗅觉、香料、气味、烟雾，是研究香文化的四个基础方面。在这个基础之上，香文化不仅构成了中国传统信仰文化、仪式文化中极其关键的部分，也构成了现有的文学、哲学、医学、民俗学、美学、工艺学中的特定研究内容。1980年代以来，中国现代学术界开始在香文化研究中发力，出现了一批优质成果。二十多年来，香文化研究的各个领域都有拓荒之作，但是研究的整体数量与质量仍有待提升，研究深度与广度也远远不足。香文化研究呈现出分散零碎的局面，缺乏统摄性纲领性的学术文献、缺乏扎实的基础研究，缺乏跨学科视野的综合研究。值得一提的是由中国香文化研究中心组织编纂的《中国香文献集成》于2017年出版，三十六卷的规模，将古代、近代香文献搜罗集结，影印出版。这套书是当代中国香文化研究的一个里程碑。先有继承才会有创新。中国香文化是一个立体、综合、活态的文化体系，从采香、植香、制香、贩香，到用香、进香、品香、咏香，香文化贯穿了中国传统文化的许多方面。毫不夸张地说，香已经深刻地融入了中国人的日常生活，处处可见香的踪迹。中国民俗学会中国香文化研究中心成立四周年之际适时推出香文化系列丛书《香志》，香文化中心以专题的形式对中国香文化的单个命题进行深入的研究和阐述，进行学理归纳和总结，成熟一个专题出版发布一个专题。以期集腋成裘，为中国香文化的传承创新和学术建立尽绵薄之力，为开拓中国香文化研究的新局面作出应有的贡献，这是中国香文化研究中心的历史使命，也是中国香文化研究中心全体同仁的时代担当！

孙　亮
中国民俗学会中国香文化研究中心主任
2018年8月7日于北京松风阁

香圣黄庭坚铜像

香圣黄庭坚

孙 亮

黄庭坚，字鲁直，自号山谷道人，晚号涪翁，洪州分宁（今江西修水）人。生于仁宗庆历五年（1045），卒于徽宗崇宁四年（1105）。黄庭坚是宋代文化的杰出代表，在文学艺术上，学问文章，天成自得，被尊为"江西诗派"之宗；在书法方面，擅行、草书，楷法也自成一家，与苏轼、米芾、蔡襄一起被誉为"宋四家"；在茶艺品茗上，也是茶道高手，以"分宁茶客"闻名。此外，黄庭坚还是中国香文化的一座高峰。其识香、制香、用香、品香之造诣功力，皆非常人可及。对黄庭坚而言，香是生活中最好的陪伴，是咏物寄情的依托，是生命的净化和修行。黄庭坚在香文化发展史上作出了巨大的贡献，不仅留下了许多制香之方，还有很多咏香的作品，表达其对香的品评与参悟。中华香事之道以黄庭坚为始，黄庭坚也被后人誉为香圣。

黄庭坚识香爱香，其善用香之名已为时人所重。他更自行研制香方，广泛参与香品、香具的制作和焚香方法的改善。在香气香味的品鉴上，黄庭坚的见解独树一帜。与黄庭坚相关的众多存世香方多收录于宋代陈敬的《陈氏香谱》中，有："黄太史四香""返魂香""婴香""汉宫香诀""荀令十里香""百里香"等，其中最具名气与代表性的香方，当属"黄太史四香"，时黄庭坚于宋元佑中任太史官职，时人多以太史尊称之，"四香"即指意和香、意可香、深静香、小宗香。

"黄太史四香"其实并非黄庭坚所创，只因与黄庭坚有关得以扬名。如：意和香是贾天锡所有，但黄庭坚以小诗十首来换之；意可香初名为"宜爱"，但黄庭坚认为其香殊不凡，于是易名为"意可"；深静香为欧阳元老专为黄庭坚特制；小宗香是时人仰慕宗茂深（宗炳之孙）之名而制，故曰小宗香。但因这些香都是凝和而成，在香方中都包含两种以上的香料，所以合香时要特别注意用料、炮制、配伍，甚至更特殊的还要讲究配料、和料、出香等过程中的节气、日期、时辰等。而黄庭坚在记载这些香方时都配有工艺制作说明，以达到特定的效果，这便是其独特之处。这四种香在制作上主要包括制备原料、配伍、和料、成型晾晒、包装、窖藏六道工序。以下分别述之。

（1）意和香。此香列为"黄太史四香"之首。哲宗元佑元年（1086），黄庭坚在秘书省任职，贾天锡以意和香换得黄庭坚作小诗十首，黄庭坚犹恨诗语未工，未能与此香相称，而自己非常珍爱此意和香，从不轻易给人。其《跋自书所为香后事》云："贾天锡宣事作意和香，清丽闲远，自然有富贵气，觉诸人家和香殊寒乞。天锡屡惠赐此香，惟要作诗。因以'兵卫森画戟燕寝凝清香'

作十小诗赠之，犹恨诗语未工未称此香尔。然余甚宝此香，未尝妄以与人。城西张仲谋为我作寒计，惠送骐骥院马通薪二百，因以香二十饼报之。或笑曰：'不与公诗为地耶？'，应之曰：'诗或为人作祟，岂若马通薪，使之冰雪之辰，铃下马走，皆有挟纩之温耶！学诗三十年，今乃大觉，然见事亦太晚也。'"

黄庭坚为意和香所作的十首五言绝句，即《贾天锡惠宝薰乞诗予以兵卫森画戟燕寝凝清香十字作诗报之》：

险心游万仞，躁欲生五兵。隐几香一炷，灵台湛空明。
昼食鸟窥台，宴坐日过砌。俗氛无因来，烟霏作舆卫。
石蜜化螺甲，榠樝煮水沉。博山孤烟起，对此作森森。
轮囷香事已，郁郁著书画。谁能入吾室，脱汝世俗械。
贾侯怀六韬，家有十二戟。天资喜文事，如我有香癖。
林花飞片片，香归衔泥燕。闭合和春风，还寻蔚宗传。
公虚采苹宫，行乐在小寝。香光当发闻，色败不可稔。
床帷夜气馥，衣桁晚烟凝。瓦沟鸣急雪，睡鸭照华灯。
雉尾映鞭声，金炉拂太清。班近闻香早，归来学得成。
衣篝丽纨绮，有待乃芬芳。当念真富贵，自薰知见香。

这十首小诗，分别取自唐代诗人韦应物《郡斋雨中与诸文士燕集》"兵卫森画戟，燕寝凝清香"之十字，切入主题，每一首皆与香有关，发挥了江西诗派善于用典、咏物寄情之特色。

意和香的制法如下："沉檀为主，每沉二两半檀一两，斫小博骰，取榠樝液渍之，液过指许，三日乃煮，沥其液，温水沐之。

紫檀为屑，取小龙茗末一钱，沃汤和之。渍晬时包以濡竹纸数熏炰之。螺甲半两，弱磨去龃龉，以胡麻膏熬之，色正黄则以蜜汤遽洗之，无膏气乃已。青木香末以意和四物，稍入婆律膏及麝二物，惟少以枣肉合之，作摹如龙涎香状，日暵之。"香方写出了主料："沉香"为主，"紫檀"为辅。工艺是先将沉香切碎，放在楱楂的滤液中浸泡；紫檀弄碎，用竹纸包着香料在小龙团茶水中浸泡；甲香加胡麻膏来熬，熬到甲香变黄后放入热蜜水中洗，直到没有胡麻膏之味；最后加入龙脑、麝香，以枣肉作为黏合剂，作如龙涎香饼的样子。

（2）意可香。据叶廷珪《海录碎事》卷六记载："或曰此江南宫中香，"说明此香有可能为南唐李后主时期宫中香。此香初名为"宜爱"，"有美人字曰宜，爱此香，故名宜爱"辗转流传至宋代。黄庭坚认为，香殊不凡，但名字有脂粉气，于是易名为"意可"。

意可香的制法为："海南沉水香三两，得火不作柴桂烟气者。麝香檀一两，切焙衡山亦有之，宛不及海南来者。木香四钱，极新者不焙；玄参半两，剉燣；炙甘草末二钱。焰硝末一钱，甲香一钱，浮油煎令黄色，以蜜洗去油，复以汤洗去蜜，如前治法而末之。婆律膏及麝各三钱别研，香成旋入。以上皆末之。用白蜜六两，熬去沫，取五两和香末匀置甆盒，如常法。山谷道人得之于东溪老，东溪老得自历阳公，多方初不知其所自，始名'宜爱'。或曰，此江南宫中香，有美人字曰宜，甚爱此香，故名宜爱，不知其在中主、后主时耶。香殊不凡，故易名'意可'，使众业力无度量之意，鼻孔绕二十五，有求觅增上，必以此香为可。何况酒炊玄参，茗熬紫檀，鼻端已霈然乎？真是得无生意者，观此香，莫处处穿透，亦必为可耳。"此香方亦写出制作的主料及其工艺，其中特别的是"用白蜜六两"，显然这个香是用来熏的，而不是用来点燃的。香方后的"跋"，说明了意可香的来历与功用。黄庭坚是佛弟子，是一名在家居士，此处借用佛理来说明这款香对于修行可以起到增上缘的作用。以意可香之气味，比拟众业力之无度量，了无生意者，观此香，就算是并未处处穿透，亦必以为其可也。赋予此香如此威力，无怪乎流传甚广。

（3）深静香。此香是欧阳元老为黄庭坚所特制，其香方以海南沉香为主，最能彰显海南沉香的清婉特征。欧阳元老，即欧阳献，字元老，又字符老，生卒不详，后卜居湖北江陵一带以终。哲宗元祐中曾与田端彦同入李清臣（1032-1102）幕僚。黄庭坚曾与其往来交游，《山谷集》卷二六有《跋欧阳元老诗》，称元老作诗"入渊明格律，颇雍容"。元老个性亲山爱水，恬淡自得。因此每当黄庭坚点燃深静香，便会想起这位野逸好友，感慨有"此香恬澹寂寞，非世所尚"之语。

深静香之制作，其法为"海南沉香二两，羊胫炭四两。沉水剉如小博骰，入白蜜五两，水解其胶，重汤，慢火，煮半日许。浴以温水，同炭杵为末，马尾筛下之，以煮蜜为剂，窨四十九日出之。婆律膏三钱、麝一钱，以安息香一分，和作饼子，亦得以氀盒贮之。右荆州欧阳元老为余处此香，而以一斤许赠别。元老者，其从师也，能受匠石之斤；其为吏也，不剉庖丁之刃，天下可人也。此香恬淡寂寞，非世所尚，时时下帷一炷，如见其人"。

引文详细列出深静香制作主料及工艺，内中有"入白蜜五两"，也是一款薰香。相形之下，富贵清丽的意和香与恬淡寂寞的深静香，正好代表嗅觉气味的两种境界。

（4）小宗香。黄庭坚《书小宗香》云："南阳宗少文嘉，遁江湖之间。援琴作金石弄，远山皆与之同声。其文献足以追配古人。孙茂深亦有祖风，当时贵人欲与之游不可得，乃使陆探微画其像挂壁间观之。茂深惟喜闭阁焚香，遂作此香馈之。时谓少文大宗，茂深小宗，故名小宗香云。"

此文写小宗香，以香喻人，以人托香。少文大宗，即宗炳（375—443），字少文，南阳人，好山水，爱远游，凡所游履，皆图之于室，谓人曰："抚琴动操，欲令山皆响。"撰有中国最早的山水画论《画山水序》，被视为中国画山水画论奠基者。写宗炳足以追配古人，再写宗茂深有祖风，前后呼应，点出小宗香之不凡。小宗香之名，缘于慕茂深之名，晁公武《郡斋读书志》亦提及"南史小宗香"。在小宗香香方中，已经明确南朝宋时已有合香配方；而小宗香为投宗茂深"喜闭阁焚香"之爱好而制，必定有特殊之处。

小宗香之制作，其法为"海南沉水香一分，剉栈香半两，剉紫檀三分半，生用银石器妙令紫色，三物皆令如锯屑。苏合油二钱，制甲香一钱，末之；麝一钱半研；玄参半钱，末之；鹅梨二枚取汁，青枣二十枚，水二碗煮取小半盏，同梨汁浸沉栈檀。煮一伏时，缓火，取令干，和入四物，炼蜜令小冷，搜和得所入甃盒窨一日。"这个香方的主料是"沉香"，其中的"栈香"也是沉香，只是稍次。辅料中有鸭梨、青枣，使小宗香有一种淡淡的水果香味。宗茂深喜闭阁焚香，此香该与其相配。黄庭坚《与徐彦和书二》也曾提及小宗香，中云："前所寄香似与小宗不类，亦恐是香材不妙，使香材尽如所惠苏合之精，自可冠诸香矣。"

以上这四种香方，材料中都含有沉香、檀香、麝香。沉香能压百味，所以为主；檀香清新淡雅，所以为次，主要取得烘托渲染的效果；麝香发香范围广，所以为辅，主要用来帮助香味扩散。可见这几个香方的匹配相当合理。黄庭坚喜爱的这几种香，都气味清远，恬淡幽寂，体现出他对特定气味的选择与品鉴，一定程度上，也是其精神世界的反映。

此外，"返魂香"也很有名气，此香又称"韩魏公浓梅香"。据说，此香初为韩琦所爱，后来黄庭坚的好友惠洪从苏轼处得来

江西省九江市修水县双井村黄庭坚墓

香方。黄庭坚于徽宗崇宁二年，被贬谪广西宜州，途经长沙，因病在碧湘门登岸休养。惠洪前来探望，带来华光寺仲仁和尚的二幅墨梅，黄庭坚大为赞叹，却叹惜，"只欠香耳"。惠洪随即取来一炷香焚之。舟船之内，立时梅香扑鼻，宛若"嫩寒清晓行，孤山篱落间"。黄庭坚惊叹不已，觉得其名香意未显，易名"返魂梅"。意为梅花已谢，焚此香却如凋敝寒梅重返人间。

此外，因黄庭坚而彰显的香还有婴香等，此处不再赘述。黄庭坚善于制香用香，与他精通医药文化有关。他曾开过中药铺，为百姓开药治病，熟知各种药材的配伍。他曾作《荆州即事药名诗》：

四海无远志，一溪甘遂心。牵牛避洗耳，卧著桂枝阴。

从字面上看，该诗表现的是诗人追求清微淡远的情志，"远志""甘遂""牵牛""桂枝"亦是四味中药。远志安神益智，甘遂消肿散结，牵牛泄水通便，桂枝祛风散寒，这四位中药，按照他的情绪与思路，顺畅适宜地嵌入诗中，可谓妙极。后来黄庭坚又一连写了七首诗，酣畅淋漓，方才作罢。这都是对于这些药材有深刻的了解与认识，才能提笔而就。《乙酉宜州家乘》写下了黄庭坚最后的时光，他曾为自己开药治病，也给宜州的老百姓"作草"。"作草"便是根据病情为人开方治病，他曾感慨道："余住在江南，绝不为人作草，今来宜州求者无不可。"管中窥豹，黄庭坚深谙草木，而自古以来香药同源，因此黄庭坚博识众香便不足为奇。

此外，黄庭坚对香的喜爱还有家学传承。他的父亲曾做"黄亚夫野梅香"，他的外甥洪刍整理的《洪氏香谱》为今存北宋最早的香药谱录类著作，其中对于历代用香史料、用香方法、以及各种合香配方，均广为收罗。《洪氏香谱》还首次将用香事项分类为香之品、香之异、香之事、香之法等四大类别，撰写体例新颖，分类详细，成为其后各家香谱所依循的范例。黄庭坚的岳父孙莘老也常整夜焚香默坐。一家人与香都密切关联。

黄庭坚与香之情缘深厚，在日常生活中，时时可见。宋哲宗元丰八年（1085），黄庭坚以秘书省校书郎被召，与苏轼第一次在京相见。元祐元年（1086）春，黄庭坚作《有惠江南帐中香者戏答六言二首》，赠给苏轼：

百炼香螺沉水，宝薰近出江南。一穟黄云绕几，深禅想对同参。

螺甲割昆仑耳，香材屑鹧鸪斑。欲雨鸣鸠日永，下帷睡鸭春闲。

诗从别人所赠送的帐中香谈起，分析帐中香的成分，焚香的时机、用何种香具与香味，等等。前一首诗先以精心炮治的"香螺"（即螺甲或甲香）、"沉水"（即沉香）开头，说明帐中香来自江南李主后宫，当时于江南一带，可见这种百炼而成的"宝薰"；然后以香飘的形态，来烘托诗中主角与同伴一起专注参禅的幽静、祥和、沉默的气氛。后一首诗开篇呼应前一首前两句，但换了一种描述方式，述及香材的外形，描写制香的原料上一点一点的斑纹，也就是对制香过程的细节观察。甲香（或螺甲）有如昆仑人（南海黑人）的耳朵形状，据三国吴时万震（220-280）《南州异物志》载："甲香螺属也，大者如瓯，面前一边，直搀长数寸，围壳有刺。其厣可合，杂众香烧之，皆使益芳，独烧则臭。"甲香入香方中，有助于发烟、聚香不散之特点。不过，作为香药使用，需要经过繁复的修制程序。修制甲香，主要以蜜酒再三煮过、焙干，如此重复数次，方能使用。沉香则有如鹧鸪鸟羽毛的杂色。陈敬《陈氏香谱》卷四引丁谓《天香传》即云："鹧鸪斑，色驳杂如鹧鸪羽也。"前一首诗说的是人置身宁静之境，后一首诗则用成天鸣叫的鸠、在帷幕下倘佯的鸭子（大概联想自女性闺房中常用鸭形香熏），呈现一幅闲适平静的春日画面。诗题既然称为"戏赠"，就考验苏轼的回应了。对此，苏轼分别依韵唱和，时亦在元祐元年（1086）。其《和黄鲁直烧香二首》云：

四句烧香偈子，随风遍满东南。不是闻思所及，且令鼻观先参。
万卷明窗小字，眼花只有斓斑。一炷烟消火冷，半生身老心闲。

两首和作最突出的特点，是用通感手法，打通诗艺与香道，将《楞严经》的"鼻观"引入诗歌的评价，以"鼻根"品味黄庭坚的烧香诗偈。两组四首六言咏香小诗，见证了黄庭坚与苏东坡之间最初结交的一段情谊，也是苏、黄二人日后不断分享烧香参禅的生活情调的一个缩影。在苏黄应答诗中，两人以香所结的情缘，同修共参，令人动容，所谓气味相投，莫过于此。"沉水""烧香""一穟黄云""鼻观先参"，种种场景，建构出一种安和平静的气氛。"身老心闲"，渗透着对清静心有所追求的思想，平静如"火冷"一般，是对寂静本心的向往，想要抛开令人"眼花斓斑"的"万卷小字"，以求一念清净、心身皆空、物我相忘之境，而"烟消火冷"四字，则把此种意境展现得恰到好处。继苏轼之和作，黄庭坚又有《子瞻继和复答二首》：

置酒未容虚左，论诗时要指南。迎笑天香满袖，喜公新赴朝参。

迎燕温风旎旎，润花小雨班班。一炷烟中得意，九衢尘里偷闲。

及《有闻帐中香以为熬蝎者戏用前韵二首》：

海上有人逐臭，天生鼻孔司南。但印香严本寂，不必丛林遍参。

我读蔚宗香传，文章不减二班。误以甲为浅俗，却知麝要防闲。

苏、黄二人以六言小诗的形式，这般相互唱和，乐于玩味再三，看似无拘束的轻松交流，实是对佛理的同参，融入禅机妙理，可见二人精神境界在诗道与香道上的契合。

徽宗崇宁三年（1104），黄庭坚在广西宜州，朋友知其爱香，或寄香，或送香。据《宜州乙酉家乘》记：

二月七日李仲牖书，寄婆娄香四两。同月十八日，唐叟元老寄书，并送崖香八两。七月二十三日，前日黄微仲送沉香数块，殊佳。

黄庭坚之所以称香圣，主要还体现在他凭借其诗人的本色，以香为题，即兴遣怀，来记录香事，表达品香之感。通过他的作品，可以一窥宋人之薰香艺术，包括焚香的方法、品香的方式，及焚香的器具等。

焚香的方法，见于黄庭坚《贾天锡惠宝薰乞诗予以兵卫森画戟燕寝凝清香十字作诗报之》第十首：

衣篝丽纨绮，有待乃芬芳。当念真富贵，自薰知见香。

《谢王炳之惠石香鼎》写的也是这种隔火薰香：

薰炉宜小寝，鼎制琢晴岚。香润云生础，烟明虹贯岩。法从空处起，人向鼻端参。一炷听秋雨，何时许对谈。

虽然"薰"香不如"烧"香简单，但其香气更为醇和宜人，香风袅袅，低回悠长，自能增添许多情趣。元佑二年（1087），为感谢朋友王炳之赠送的香炉，黄庭坚写下此诗。鼎形小薰炉，用于午睡小寝，用于参禅，或于书斋中与好友对炉相谈，通过薰香达到"鼻端参禅"意境，正符合士大夫清致的雅兴。既然"小寝"所宜，应该不太大。而"香润"二句，把这不太大的石香鼎熏出之香的形态写得非常美，令人着迷，"法从"二句又从这个境界里跳出，要从鼻子的嗅觉来参香的空性，可谓一波三折。

品香的方式。香品的形式决定品香的方式，而不同历史时期，不同文化背景，甚至不同精神状态，用香、品香的方式也会有所不同，效果亦大相径庭。品香的方式，重在过程，首先要驱除杂味，其次鼻观，观想趣味，然后回味，肯定意念。全部过程，颇类禅家的鼻端参禅，因此黄庭坚咏香之作，常会将二者联系起来，如

《谢曹子方惠物二首》咏博山炉云：

飞来海上峰，琢出华阴碧。炷香上袅袅，映我鼻端白。听公谈昨梦，沙暗雨矢石。今此非梦耶，烟寒已无迹。

《有闻帐中香以为熬蝎者戏用前韵二首》之一亦云：

海上有人逐臭，天生鼻孔司南。但印香严本寂，不必丛林遍参。

南唐以来颇为盛行的帐中香，需要先与鹅梨同蒸沉水而成。其独特的气味，在焚薰后，常使闻不惯此种味道者，误以为有人熬蝎，所以黄庭坚以"海上有人逐臭，天生鼻孔司南"自娱。

人们品香，固然是对香气有所爱好，这种爱好也因人而异。

在宋代文人之中，对于气味的品评，最精妙者莫过于黄庭坚。其《跋自书所为香诗后》论意和香云："贾天锡宣事作意和香，清丽闲远，自然有富贵气。"评欧阳元老之深静香云："此香恬淡寂寞，非世所尚。"

富贵清丽与恬淡寂寞，可以说代表俗世之爱与寒士清寂的两种境界，黄庭坚毫无偏执，兼容二境，是其精神世界的写照。

焚香的器具。随着香文化的兴盛，一些精致小巧，摆放于人们书桌、案头、床榻之间的香器，经由文人雅士把玩，从日用生活器具变身为具有文化意味的艺术品，于是睡鸭、金炉、博山炉、宝薰、石香鼎一类的香器常常出现于文人笔端。如黄庭坚《谢曹子方惠物二首》咏博山炉云：

飞来海上峰，琢出华阴碧。炷香上袅袅，映我鼻端白。听公谈昨梦，沙暗雨矢石。今此非梦耶，烟寒已无迹。

相传，汉武帝嗜好薰香，也信仙道。方士传说东方海上有仙山名为"博山"，武帝于是派人专门模拟传说中博山的景象，制作了一类造型特殊的香炉——博山炉。初期的博山炉大都是铜嫌，也有以鎏金或错金装饰的高档器物。博山炉上面设有炉盖，其形状高耸峻峭，并雕镂成起伏的山峦之形，山间雕饰有青龙、白虎、玄武、朱雀等灵禽瑞兽，以及各种神仙人物，用以模拟神仙传说故事。下面设有承盘，贮有热水（兰汤），润气蒸香，也有象征东海的意味。当在炉腹内焚香时，袅袅香烟从层层镂空的山形中高低散出，缭绕于炉体四周，加之水气的蒸腾，宛如云雾盘绕海上仙山，呈现极为生动的山海之象。这可以算得上是香器中的极品。博山炉在宋代仍然使用，但形状上有些改动，大小也略有不同，但主体上还是一致的。而睡鸭、宝薰、石香鼎一类，从黄庭坚诗歌所咏所写看，估计没有博山炉这么宏大的形制。睡鸭通常为铜制，造型为凫鸭入睡状，故有此名。宝薰只是诗中提到，并未详细咏写。石香鼎在黄庭坚的《谢王炳之惠石香鼎》中有详细描写，则已如前述。

品香，使人心旷神怡，助人达到沉静、空净、灵动的境界，因此它由日常的行为方式变成为一种近乎艺术的活动。文人雅士的用香文化是经过用香功夫学习和涵养修持之后升华而成的一种生活诗意和美感，是一种内化后的精神提炼，以此净心明志、修身养性、陶冶性灵。

黄庭坚《贾天锡慧宝薰乞诗予以兵卫森画戟燕寝凝清香十字作诗报之》诗说：

险心游万仞，躁欲生五兵。隐几香一炷，灵台湛空明。

认为品香能够使人灵台空明，心无外物，达到明心见性的开悟、证道境界。其《复答子瞻》也说："一炷烟中得意，九衢尘里偷闲。"意即通过对香的气味、意境的感受，可以达到禅的修行与生命的净化。

黄庭坚与香的关系，是宋代文人与香关系的缩影。宋代文人读书以香为友，独处以香为伴；公堂之上以香烘托其庄严，松阁之下以香装点其儒雅。调弦抚琴，清香一炷可佐其心而导其韵；品茗论道，书画会友，都要与香为伴，香影随行，无处不在。燕居而求幽玄的清境妙境雅境，更少香不得。风晨月夕，重帘低垂，焚一炉水沉，观其细烟轻聚，参其香远韵清，此在宋人生活中，正是日常之享受。文人雅士家中还多专门设有香席品香。还有所谓"试香"，在居室外焚香或在庭园内的"诗禅堂"试燃新制的合香，品评香的气味、香露的形态、焚烟留存的久暂。北宋画家张择端描绘当时汴京盛况的《清明上河图》，街肆中就有专门贩卖香品的店铺名称和实景。人们不仅可以买香，还可以请人上门做香；富贵之家的妇人出行时，常有丫鬟持香熏球陪伴左右。"开门七件"之外，若再添得一件，那么就该是香。有宋一代，不少文人亲自参与香的制作，并成为左右香文化发展的主导力量。著书立作、吟诗颂香、品香参禅、雅集斗香、怡情悦性，都是文人雅士参与用香的方式。文人兼具香文化传播的主体和客体双重身份，一方面他们是香料香具的使用和欣赏者，另一方面，他们也是香料和香具的研制和设计者，而黄庭坚正是最佳的代表，因此被后人尊为香圣。

附文：黄庭坚与中国香文化研讨会暨 "香圣黄庭坚"铜像揭幕仪式在京举行

2017 年 8 月 27 日，黄庭坚与中国香文化研讨会暨"香圣黄庭坚"铜像揭幕仪式在中国社科院档案楼举行。此次活动由中国民俗学会中国香文化研究中心和北京沉香协会联合承办，江西省香文化研究院和茂名市沉香协会协办。

中国社科院学部委员、中国民俗学会会长朝戈金，江西省谱

朝戈金会长与孙亮主任为"香圣黄庭坚"铜像揭幕

牒研究会黄庭坚文史研究专业委员会会长黄金火,日本香道志野流第21世次家元蜂谷宗苾,中国民俗学会副会长、北京大学教授陈泳超,北京中医药大学教授李良松,中国书法家协会学术委员、黄庭坚第35代孙黄君,中华文学史料学学会副会长、中国社会科学院研究员陈才智,中国香文化研究中心主任孙亮,北京沉香协会会长孙山等领导、专家学者参加了本次活动。朝戈金会长从当代人类境遇和人文关怀的高度,对中国香文化研究中心的工作和本次活动给以高度评价,陈泳超、李良松、黄君、陈才智、蜂谷宗苾等六位专家就黄庭坚与香文化展开学术讨论，发表精彩的见解，大家一致认为黄庭坚作为历史文化名人，不仅一生爱香、用香，而且深研香道，以香传道、交友、为人治病，并提出香道十德，留下众多香方、诗词和包括至今存世的墨迹《婴香方帖》等大批重要文献，被尊为中华香圣，当之无愧。孙亮代表主办方对活动进行了回顾、总结和致谢。

研讨会结束后，央视《中华诗词大赛》周冠军裘江诵读《香圣赋》，众嘉宾为"香圣黄庭坚铜像揭幕"，从此，源远流长的中华香道有了自己的偶像，伟大的历史名人黄庭坚又有"香圣"这个被世人尊崇的称号。

与会嘉宾合影

20世纪60年代海南鹧鸪斑黑油奇楠（中国香文化研究中心藏香）

香圣偈二首

孙 亮

其一

几见汴河春柳长，身居火宅❶亦清凉。

拈华一笑❷灵山梦，晓月❸印窗含古香。

❶ 火宅：多用以比喻充满众苦的尘世。《法华经·譬喻品》："三界无安，犹如火宅，众苦充满，甚可怖畏，常有生老病死忧患，如是等火，炽然不息。"
❷ 拈花一笑：佛教语，禅宗以心传心的第一宗典故，包含两层意思：一是指对禅理有了透彻的理解，二是指彼此默契、心神领会、心意相通、心心相印。（宋）释普济《五灯会元·七佛·释迦牟尼佛》："世尊在灵山会上，拈花示众，是时众皆默然，唯迦叶尊者破颜微笑。"
❸ 晓月：拂晓的残月。

其二

独步斜阳背影长，江风瘴雨❶阅炎凉。

铜炉渐暖孤烟❷直，山谷❸生涯一炷香。

【赏析】黄庭坚是北宋著名的文学家、书法家，还是一位用香大家，被后人誉为香圣。他23岁进士及第后入仕，诗作关注社会现实，抨击时弊相当尖锐。元丰八年（1085）旧党执政后，黄庭坚到汴京任职于馆阁，参加编写《神宗实录》，成为苏轼密友。哲宗绍圣元年（1094），旧党失势，黄庭坚受牵连，先后被贬谪到黔州（今四川彭水）、戎州（今四川宜宾），最后卒于荒原的宜州（今属广西）贬所。这组诗共二首，其一首句以"汴河春柳"开篇，以景托情，强化主题：汴河的自然景色并没有什么变化，周围的柳树，每逢春天依然茂盛。第二句以《法华经·譬喻品》的典故，比喻黄庭坚被贬谪，境遇如同身处三界火宅，但却能保持内心的自在清凉。第三句引用佛祖灵山会上拈花一笑的典故，暗寓黄庭坚能深刻领会佛法精髓，"一切有为法，如梦幻泡影，如露亦如电，应作如是观"，能做到无拘无束，无荣无辱，无挂无碍。拂晓的残月透过窗棂映照入屋内，一炉古香袅袅升起，令人保持心性。此诗借香烘托氛围，比喻黄庭坚高洁的人格，正人君子处心有道，行己有方，洁身修德完全是自我心性的要求。

❶ 瘴雨：指南方含有瘴气的雨。
❷ 孤烟：远处独起的炊烟。（唐）王维《使至塞上》："大漠孤烟直，长河落日圆。"
❸ 山谷：黄庭坚，字鲁直，号山谷道人，晚号涪翁，洪州分宁（今江西省九江市修水县）人，北宋著名文学家、书法家、盛极一时的江西诗派开山之祖。

全诗自然浑成，清空如画，意味隽永。黄庭坚洒脱出尘的生活情趣和乐观豁达的生活态度都在香中得到升华。其二首句通过独步斜阳，形单影只的场面描写，引发对香圣黄庭坚一生遭际的追忆和联想。黄庭坚本无意参加党争，却被裹挟在新旧党争之中，无辜受牵被贬，屡受打击。贬谪之地环境恶劣，江风阴冷，瘴气阴雨弥漫，阅尽世态炎凉。然而诗人并未因此失去信心，薰香一炉，炉香乍爇，香烟袅袅直上，低回悠长，渐暖人心，"孤烟直"虽是化用王维诗句，但与主人公的诗境完全吻合，不露痕迹。对黄庭坚而言，香极其重要，只要有香的相伴，无论环境多么恶劣，政治形势多么严峻，都无法干扰到他的心性。两首诗互为映衬，说明黄庭坚一生与香之情缘深厚，香对黄庭坚是一种内化后的精神提炼，并以此净心明志、修身养性、陶冶性灵，也正应证了他的诗句——隐几香一炷，灵台湛空明！

黄庭坚家乡江西修水双井村宋代贡茶园的早晨

香圣赋并序

[日]早川太基

香圣者，谁也？周孔至圣，右军书圣，杜工部诗圣，吴道子画圣，陆鸿渐茶圣，皆非常之人，禀天赋而尽性情，立法度于千古，其入圣域也一耳。香之为艺，成乎宋，众所周知，而黄鲁直集大成之功，犹不能尽论也。故余先着论而阐明焉❶，重作《香圣赋》，问诸世之君子。其辞曰：

花气熏人，三世破禅❷；篆烟惬意，独坐偷闲❸。心有所得，欲追无迹，闻是瞬时，念之永夕，皮毛落而真实生❹，洗万尘而归一寂，是皆香之动情而神韵弥深，闻思不及而鼻观先识❺，可谓玄妙之极也。

❶ 早川太基《诗人之嗅觉——从黄庭坚笔下的"香"谈起》，《中国文学报》第八十七册，京都大学中国语言中国文学研究室，平成廿八年四月。
❷ 黄山谷《花气熏人帖》七绝："花气熏人欲破禅。"
❸ 山谷《子瞻继和复答二首》其二："一炷烟中得意，九衢尘里偷闲。"
❹ 山谷《杨明叔从予学问甚有成》十首之八："虚心观万物，险易极变态。皮毛剥落尽，唯有真实在。"
❺ 东坡《和黄鲁直烧香二首》其一："四句烧香偈子，随香遍满东南。不是闻思所及，且令鼻观先参。"

灵均佩兰❶，汉武返魂❷；锦席荀令❸，紫囊谢玄❹。昭明赋铜炉❺，文通颂青云❻；题郁金以慕左兰芝❼，咏楚娇而仰李义山❽，巧思精绝，亦有可观。然香之为德，未能尽言；香之为境，终难逼真，至若伫幽兴以寻灵源，挥彩毫而语意俱新者，更待其人耳。

五季世乱，投笔焚砚，炎宋受命，盛起文运，我黄鲁直氏生乎双井塘之头❾、明月湾之畔❿。诗人生涯，抱清风之雅怀，兴寄高远，孤峻新奇，江西君子之道，今已大开。家学渊邃，黄亚夫之野梅⓫；渭阳情谊，洪驹父之荔支⓬，而天性香癖⓭，更幽更微。东京梦华，红尘涨街；汴河歌舞，绿酒盈杯。然与其游险心于万仞，而躁欲生欢哀；不如隐几一炷，以湛空明于灵台⓮。性之所好，悉以因果为根基，前世持经之女，成八百功德而鼻根

❶ 《离骚经》曰："纽秋兰以为佩。"
❷ 白乐天《新乐府·李夫人》诗云："汉武帝，初哭李夫人。夫人病时不肯别，死后留得生前恩。君恩不尽念未已，甘泉殿里令写真。丹青画出竟何益，不言不笑愁杀人。又令方士合灵药，玉金煎炼金炉焚。九华帐中夜悄悄，反魂香降夫人魂。夫人之魂在何许，香烟引到焚香处。既来何苦不须臾，缥缈悠扬还灭去。去何速兮来何迟，是耶非耶两不知。"
❸ 《襄阳记》云："刘季和曰：'荀令君至人家，坐处三日香'。"
❹ 谢玄，小字遏。《世说新语·假谲》云："谢遏年少时，好着紫罗香囊，垂覆手。太傅患之，而不欲伤其意。乃谲与赌，得即烧之。"
❺ 梁昭明太子作《铜博山炉赋》。
❻ 江淹，字文通。其所作《藿香颂》云："摄灵百仞，养气青云。"
❼ 左芬，字兰芝，晋武帝贵人。作《郁金颂》。
❽ 李商隐，字义山。《烧香曲》云："漳宫旧样博山炉，楚娇捧笑开芙蕖。八蚕茧绵小分炷，兽焰微红隔云母。"
❾ 山谷《赣上食莲有感》："吾家双井塘，十里秋风香。"
❿ 山谷《宜阳别元明》："明月湾头松老大。"
⓫ 《陈氏香谱》卷三有"黄亚夫野梅香"。
⓬ 同书卷三有"洪驹父荔支香"。
⓭ 山谷《贾天锡惠宝薰》十首其五："天资喜文事，如我有香癖。"
⓮ 同诗其一："险心游万仞，躁欲生五兵，隐几香一炷，灵台湛空明。"

香圣赋并序

不欺❶，转生学士，神哉奇哉！❷

酴醾琪树，蔷薇珠露，蜡梅发而恼幽人，倚曲栏而暗风度❸。或坐对水仙五十枝，含香体素，遥想月下轻盈之步❹。或嫩寒清晓，孤山篱落之路，轻风一过，落星无数，徘徊低吟，独来独去❺。分宁茶客❻，题众花而作佳句，何择此而非彼，舍艳华之姿而不顾？盖皆以芬芳相胜之故也。

千载珍藏，古谱秘方，兰台太史❼，心醉四香。夫四者，是何也？深静、小宗、意可、意和也❽。铜秤细量，拔秀选良，手割海南之沉水❾，更煮蜜汤。酒炊玄参，气味自长；茗熬紫檀，润若玉璜❿。宝薰百炼，本出江南之乡⓫；恬淡寂寞，如坐欧阳元老之堂⓬。惊风白日，浮世无常，古今雅客，空送秋月而惜春光。惟有明窗之下、净案之上，爇银叶而赏微芳。佳境不变，俗虑尽亡，

---

❶ 《法华经·法师功德品》："若善男子、善女人，受持此经，若读，若诵，若解说，若书写，成就八百鼻功德。"

❷ 何薳《春渚纪闻》卷一云："山谷迁涪陵，未几，梦一女子，语之云：'某生诵《法华经》而志愿复身为男子，得大智慧，为一时名人。今学士，某前身也。'"

❸ 山谷《戏咏蜡梅二首》云："金蓓锁春寒，恼人香未展。虽无桃李颜，风味极不浅。"其二云："体熏山麝脐，色染蔷薇露。披拂不满襟，时有暗香度。"

❹ 山谷《王充道送水仙花五十枝》："凌波仙子生尘袜，水上轻盈步微月。含香体素欲倾城，山矾是弟梅是兄。"

❺ 《陈氏香谱》卷三"浓梅香"引黄太史跋云："余与洪上座同宿潭之碧湘门外舟中。衡岳花光仲仁寄墨梅二枝，扣船而至，聚观于灯下。余曰：'只欠香耳。'洪笑发谷董囊，取一炷焚之，如嫩寒清晓，行孤山篱间。"

❻ 《宋稗类钞》卷六，富弼评山谷曰："原来只是分宁一茶客。"

❼ 元佑元年，山谷入秘书省，除神宗实录院检讨官。故世称"黄太史"。

❽ 黄太史四香，《山谷文集》《陈氏香谱》等，皆载调合之法。

❾ 山谷香法，皆用"海南沉水"。

❿ 山谷《意可香》云："何况酒炊玄参、茗熬紫檀，鼻端已需然者乎。"

⓫ 山谷《有惠江南帐中香者戏赠二首》其一："百炼香螺沉水，宝薰近出江南。"

⓬ 山谷《深静香跋》云："荆州欧阳元老为余处此香，而以一斤许赠别。此香恬澹寂寞，非世所尚，时时下帷一炷，如见其人。"

鼻端胸底，同得一味之清凉。

若夫人生多悔，皆知非而难改。山谷道人游乎黄龙山，而问如来玄极之理。老僧曰：何谓吾无隐乎尔？鲁直狐疑而未能解。松院梵宫，时逢清秋而凉如水。满山木犀，翠叶金蕊，溪风微来，飘摇十里。老僧曰：吾无隐乎尔。鲁直释然，再拜而已❶。乃知妙谛非他，灵机在己，色界香相，真如所在，达士莫说捕鱼之筌❷，凡夫正要观月之指❸。鼻受之则六欲灭，心爱之则生禅悦。解脱知见之香❹，深沁诗人之骨。是以众香国土，谁我谁汝，三昧定心，无碍无阻。置身此间，何用虚妄之语？一呼一吸，欲超万古❺，烟消火冷❻，已忘甘苦，真法从空处而生，静听秋窗萧萧之雨❼。

夫圣者，通也❽。心明也❾。作者也❿。得性之名也⓫。精

---

❶ 《五灯会元》卷十七云："山谷往依晦堂，乞指径捷处。堂曰：'只如仲尼道二三子以我为隐乎。吾无隐乎尔者。太史居常，如何理论。'公拟对，堂曰：'不是不是。'公迷闷不已。一日侍堂山行次，时岩桂盛放。堂曰：'闻木犀华香么。'公曰：'闻。'堂曰：'吾无隐乎尔。'公释然，即拜之曰：'和尚得恁么老婆心切。'堂笑曰：'只要公到家耳。'"

❷ 《南华真经·外物》云："筌者所以在鱼，得鱼而忘筌；蹄者所以在兔，得兔而忘蹄。言者所以在意，得意而忘言。"

❸ 《圆觉经》曰："修多罗教，如标月指。"

❹ 《坛经》说"五分法身香"，乃戒香、定香、慧香、解脱香、解脱知见香也。山谷《贾天锡惠宝薰》十首之十云："衣篝丽纨绮，有待乃芬芳。当念真富贵，自薰知见香。"

❺ 山谷《次韵答王眘中》："吾欲超万古。"

❻ 东坡《和黄鲁直烧香二首》其二："一炷烟消火冷，半生身老心闲。"

❼ 山谷《谢王炳之惠石香鼎》："法从空处起，人向鼻端参。一炷听秋雨，何时许对谈。"

❽ 《礼记·乡饮酒义》郑注、《大戴礼记·盛德》注。

❾ 《洪范五行传》注。

❿ 《礼记·乐记》云："作者之谓圣。"

⓫ 《庄子·逍遥游》"圣人无名"，郭象注云："圣人者，物得性之名耳。未足以名其所以得也。"

香圣赋并序

通香性，述心声而凝幽馥；自寻于内，独居文坛而先觉。活杀禅机，绝凡脱俗，求之而得之，导夫先路而执暗夜之烛。呜呼，香之圣人者其孰乎？豫章黄山谷也。

海南糖结紫油奇楠（中国香文化研究中心藏香）

孙亮在双井村明月湾的古茶园

《香十德》作者非黄庭坚之考辨

孙 亮

中日香界所推重的《香十德》描述了用香的十大益处，可以说是对香品内在特质的高度概括。关于《香十德》的作者，如今一般资料都认为是北宋诗人黄庭坚，而在黄庭坚文集及中国古代文献资料中并无从寻见这篇作品。本文全面探究《香十德》作者之谜，首先从文体与思想内容等方面说明作者为黄庭坚之说疑点甚多，而应是读过黄庭坚诗文的其他人所作。其次，再利用诸如《香道贱家梅》《香道兰之园》等资料，专门分析《香十德》写作的文化背景。最后，指出此文可能成于日本五山文化影响之下，后来在江户时期普遍被视为一休宗纯所作，但是因为文中融入了黄庭坚的诗句，最后作者之名又转归黄庭坚。有关《香十德》作者的争议，亦反映了中国香文化在日本的接受与嬗变的具体过程。

一、《香十德》及其作者之疑点

自古以来，不少文人骚客都爱香，深凝鼻观，心醉不已，通过文字写出个中滋味。香之入文，《楚辞》中多见的香草比喻是其滥觞，汉魏以后随着西域香料传入中国，大量咏香作品陆续出现，于是文人与香结下不解之缘，成为日常生活中不可缺少的因素，同时促进了香文化本身的发展。在诸多与香有关的文学作品中，最著名的应属《香十德》❶：

感格鬼神，清净心身❷。能拂污秽，能觉睡眠。静中成友，尘里偷闲。多而不厌，少❸而为足。久藏不朽，常用无障。

以上虽然只是寥寥数语，但对香的内涵及其特质做出了全面的分析与评价，是对香品内在特质的高度概括，阐述了闻香行为的意义所在。大多数香文化研究者都认为《香十德》的作者是北宋诗人黄庭坚（1045-1105），后来传到日本，迄今为止还被尊崇为日本香道的根本思想之一。因此香道志野流历代家元亦亲自挥笔而书《香十德》（图1）。为了体会其中精神，在闻香雅集的席上经常将此字句挂在壁龛上，其中志野流第十八代家元蜂谷宗致所书十德最后也有"山谷老人之语"六字。

---

❶ 此处《香十德》引文依据的是当代中国和日本香道最普及版本。志野流历代家元所书《香十德》（图1）、[日]获须昭大《香会必携》（志野流香道初音の會，2011年版，第56页）所引《香十德》都是如此。

❷ "心身" 二字如《香道贱家梅》（图5）等一些资料作"身心"，而如"志野流十五世家元蜂谷宗意所书《香十德》"（图1）及《香道兰之园》（图4）均作"心身"。神、身、眠、闲四字都在古诗通押范围之内，皆可押韵，而"心"字如此押韵极其罕见，故此处从"心身"为善。

❸《香道兰之园》（图4）及《香道贱家梅》（图5）均作"寡"字。

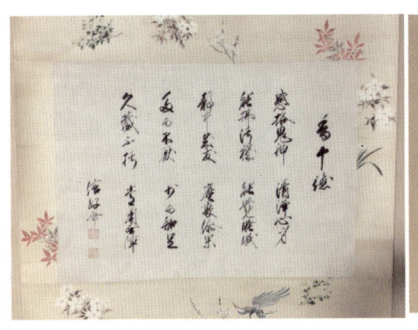
《香十德》15代家元 蜂谷 信好斋 宗意（1803-1881）

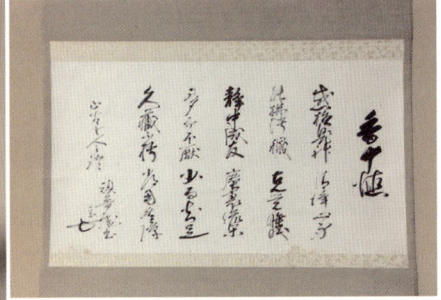
《香十德》18代家元 蜂谷 顽鲁庵 宗致（1874-1931）

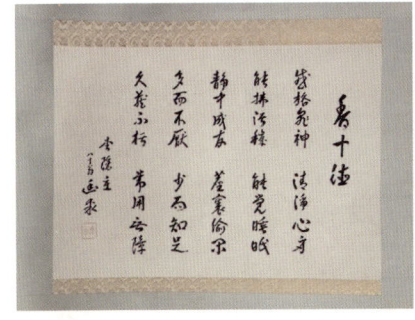
《香十德》19代家元 蜂谷 幽求斋 宗由（1902-1988）

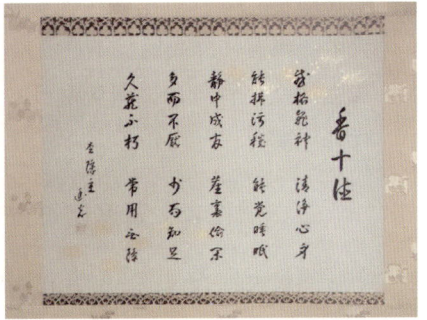
《香十德》20代家元 蜂谷 幽光斋 宗玄（1939-）

图1 志野流历代家元所书《香十德》

然而，在黄庭坚文集的各种版本及中国古代文献资料中，未能寻找到《香十德》的踪迹，这篇作品的文字记载仅见于后世日本香道传书中，故而此文作者是否黄庭坚，实在令人怀疑。2010年笔者访问日本老香铺松荣堂时，曾与堂主畑正高先生讨论《香十德》出处之疑窦，一时争执不下，于是畑先生请笔者以后若真的寻出《香十德》乃黄庭坚所作的确凿证据则务必告之。笔者回国后曾请托中国社会科学院文学所陈才智先生查寻相关资料。后知悉陈才智先生在《尘里偷闲药方帖——黄庭坚与香文化之缘》一文中对《香十德》发表意见："据笔者推测，大概是黄庭坚于香道多有垂注,后人乃顺势附会。征之日本学人,也认为"香十德"恐怕不是一休宗纯或建部隆胜介绍的黄庭坚作品,而极有可能是后代(江户时代)香道人(可能是香道掌门人)创造或集合而成的一种说辞。……为了镀金,缘假托古代中国香道大家黄庭坚,而普及这一看上去具有系统性的说辞,而挂名于一休宗纯、建部隆胜等名人,应该也是让香道弟子们重视的一种策略。"❶ 陈先生的"推测"正是笔者与畑正高先生相争论和疑惑之处,然则其证据何在?笔者于是深入收集归纳,通过分析一些到目前为止研究者还没有注意到的日本香道资料,进一步具体地考察《香十德》成立的文化背景,试图从中日文化交流史的角度考究《香十德》作者之谜。

二、"作者"黄庭坚与香文化之关系

一般被视为《香十德》作者的黄庭坚是中国香文化的集大成者,精通香文化,同时留下了不少有关香文化内容的文学作品。❷ 黄庭坚生活的宋朝是中国古代文化最为繁荣鼎盛的朝代,文人品香用香的方式,更是登峰造极。而苏门四学士之一的黄庭坚,不但在文学与书法方面的造诣极高,在用香方面,也是被后世尊为"香圣"。在黄庭坚诗文中多有关于香的描写,甚至自称"我有香癖",坦承了对香的癖好。《贾天锡惠宝熏乞诗予以兵卫森画戟燕寝凝清香十字作诗报之》十首其五(《内集》卷五)云:

---

❶ 陈才智:《尘里偷闲药方帖——黄庭坚与香文化之缘》,《中国俗文化研究》第13辑,2017年第1期,第94页。
❷ 参见刘静敏《灵台湛空明——从〈药方帖〉谈黄庭坚的异香世界》(《书画艺术学刊》2009年第七期)、邱美琼《黄庭坚与香》(《文史杂志》2014年第一期)、及[日]早川太基《诗人之嗅觉——从黄庭坚笔下的"香"谈起》(《民间文化论坛》251,2018年第4期)等。

贾侯怀六韬，家有十二戟。天资喜文事，如我有香癖。❶

如此爱香的黄庭坚在香文化发展史上成就斐然，其文集中记载的香方甚多，譬如有《意和香》《汉宫香诀》《意可香》《深静香》《荀令十里香》《小宗香》《婴香》《篆香》《百里香》等。其中《意和香》《意可香》《深静香》《小宗香》在南宋陈敬《陈氏香谱》中被称为"黄太史四香"❷，最为著名，可以视为黄庭坚平生所喜爱的香方之代表。黄庭坚与香的情缘深厚，不仅留下许多制香之方，还有很多咏香的诗歌作品，表达了自己对香的品评与参悟。譬如《贾天赐惠宝薰乞诗予以兵卫森画戟燕寝凝清香十字作诗报之》十首其十（《内集》卷五）云：

衣篝丽纨绮，有待乃芬芳。当念真富贵，自薰知见香。

"知见香"之名，来源于《坛经》所载"解脱知见香"。诗人先用衣服与薰香之德作比喻，后面再吟咏深远幽邃的精神活动所生的芳香。又《谢王炳之惠石香鼎》（《内集》卷八）云：

薰炉宜小寝，鼎制琢晴岚。香润云生础，烟明虹贯岩。法从空处起，人向鼻端参。一炷听秋雨，何时许对谈。

诗中仔细描写红炭宝炉，清芬醇和宜人，香风袅袅，低回悠长。又如《贾天锡惠宝薰乞诗予以兵卫森画戟燕寝凝清香十字作诗报之》十首其一（《内集》卷五）云：

险心游万仞，躁欲生五兵。隐几香一炷，灵台湛空明。

❶ 本文引用的黄庭坚诗歌作品使用黄宝华点校《山谷诗集注》（上海古籍出版社，2015年），标明集名以及卷数，下不出注。散文作品使用郑永晓整理《黄庭坚全集》（江西人民出版社，2011年），标明页数。
❷ 黄庭坚在元祐年间专门编纂《神宗实录》，故称"太史"。

品香能够使人内心充满着空明之感，心外无物，内观澄澈，达到明心见性的开悟证道之境界。如同《楞严经》所述香严童子的故事一般，鼻根对香的气味、意境的敏锐感受，亦可以达到一种修行与生命的净化，顿成佛果，而黄庭坚通过诗人语言表现了充满心中的极其微妙的香味。

三、《香十德》及其"作者"黄庭坚的实际关系考辨

黄庭坚与香文化的关系如此密切，故而一般香人认为《香十德》是黄庭坚所作，也是自然的事情。然而如所前述，检遍黄庭坚文集各种版本，也未能找到与《香十德》同样的记载文字。唯有十德之"尘里偷闲"，确实可以在黄庭坚的诗文中找到同样的文字。《子瞻继和复答二首》其二（《内集》卷三）云：

迎燕温风旎旎，润花小雨斑斑。一炷烟中得意，九衢尘里偷闲。

其余"九德"虽然未能找到直接对应的语句，但也可以在黄庭坚文集中，找到一些思想内涵相关的部分。譬如十德之"感格鬼神"者，在黄庭坚自评"意可香"处，有言：

山谷曰：香殊不凡，因易名意可。东溪诘所以名。山谷曰：使众生业力无度量之意，鼻孔才二十五，有求觅增上，必以此香为可。何况酒炊玄参、茗熬紫檀、鼻端已霈然者乎。真是得无生意者，观此香，莫处处穿透，亦必以为可尔。❶

"感格鬼神"之语见于宋人蔡沉《书集传》、吕祖谦《书说》等，乃是使鬼神"感"动而来"格"之意。黄庭坚评香，虽没有

---

❶ 郑永晓：《全集》，第 1675 页。

言及鬼神，却说足以唤醒自己内心深处的佛性，境界更高。又如十德中"清净心身，能拂污秽"，黄庭坚《题自书卷后》云：

> 崇宁三年十一月，谪处宜州半岁矣。官司谓余不当居关城中，乃以是月甲戌，抱被入宿子城南。予所僦舍喧寂斋，虽上雨傍风，无有盖障，市声喧愦，人以为不堪其忧……既设卧榻，焚香而坐，与西邻屠牛之机相直。❶

因为政治原因，黄庭坚中年以后屡经差跌。崇宁三年（1104），黄庭坚在流放之地宜州（今广西宜山），由于戴罪之身而无法住在城中，只好搬到城南集市附近。陋巷茅屋，风雨飘摇，残破不堪，而西边有杀牛屠肉之处，杀气腾腾，气息奄奄，令人掩耳而已。在如此恶劣的环境中，黄庭坚焚香独坐，自能清净身心、扫除污秽，于是一切外物都不能迷惑静寂之境界。又如十德之"静中成友"者，黄庭坚评"深静香"云：

> 荆州欧阳元老为予处此香，而以一斤许赠别。元老者，其从师也，能受匠石之斤；其为吏也，不坐锉庖丁之刃，天下可人也。此香恬淡寂寞，非世所尚，时时下帷一炷，如见其人。❷

"深静香"是欧阳献（字元老）专门为黄庭坚所处的香方，而其为人最可慕，故称"天下可人"。二人别后，黄庭坚独在帷下，点起一炷香，恬淡寂静，渐入佳境，于是在其心眼中仿佛可见好友偶坐相伴，表达了诗人在静中与香为友的情怀。又如十德之"多而不厌，少而为足"，黄诗《见诸人唱和酴醾诗辄次韵戏咏》（《内集》卷六）云：

❶ 郑永晓：《全集》，第1256页。
❷ 郑永晓：《全集》，第1675页。

梅残红药迟，此物共春归。名字因壶酒，风流付枕帏。坠钿香径草，飘雪净垣衣。玉气晴虹发，沉材锯屑霏。直知多不厌，何忍擒令稀。常恨金沙学，辇时正可挥。

酴醾花香，诗中称之"沉材锯屑霏"，更续曰"直知多不厌"。黄庭坚的这个说法应该来自欧阳脩《朋党论》所云"善人虽多而不厌也"。所藏佳物，愈多愈好，亦为人之常情。

下面再从《香十德》的体裁及思想内容上进行分析。全篇四言是来自《诗经》的文体，因此颇有庄重权威之感，这也许是说明"香德"时采用此种体裁的根本原因。黄庭坚作诗风格颇有特色，被誉为"不践前人旧行迹，独惊斯世擅风流"❶，不仅在艺术构思上显示出了高超的艺术技巧，而且在语言运用方面，也有很强的驾驭能力，善于运用各种修辞手段，增强语言的表达能力，强化艺术感染效果。因此，黄庭坚精通诗法，兼善众体，五、六、七言之外，还有几首四言诗。一般来说，四言盛于先秦汉魏，后来化成"颂体""铭体"等的专用体裁，真正的诗人情性之作却为数不多。然而，黄庭坚所作《赠别李次翁》（《内集》卷一）云：

利欲薰心，随人翕张。国好骏马，尽为王良。不有德人，俗无津梁。德人天游，秋月寒江。映彻万物，玲珑八窗。于爱欲泥，如莲生塘。处水超然，出泥而香。孔窍穿穴，明冰其相。维乃根华，其本含光。大雅次翁，用心不忘。日问月学，旅人念乡。能如斯莲，汔可小康。在俗行李，密密堂堂。观物慈哀，莅民爱庄。成功万年，付之面墙。草衣石质，与世低昂。

❶（宋）张耒著，李逸安、孙通海、傅信点校：《张耒集》，北京：中华书局，2005年，第407页。

此诗全篇兴寄高远，巧用比况，颇有哲学趣味，可谓在宋人四言诗中的出类拔萃之作。然而，《香十德》用语及其思想深度，较之《赠别李次翁》等作品，难免颇为逊色。黄庭坚与香有关的诗作，如同上述的《子瞻继续和复答二首》《贾天锡惠宝薰乞诗予以兵卫森画戟燕寝凝清香十字作诗报之》《谢王炳之惠石香鼎》等，不论从内容还是意境，皆有雅人深致。《香十德》与黄庭坚诗文对香的理解相比，虽然说尽香材功能，甚为详细，但毕竟缺乏内在关照的哲学性的深度。

另外，细观《香十德》中的修辞技巧，全用对仗，前面六句"神、身、眠、闲"都是押韵，用心可见，然而现在所有文本后面四句"足"与"碍"都无押韵。前面几句押韵而后面却不押韵，这种不伦不类的文体在中国古代是找不到的。此外《香十德》虽为对仗，但在"能拂污秽，能觉睡眠"及"多而不厌，少而为足"中反复使用"能"与"而"，又在"静中成友，尘里偷闲"的"中"对"里"、及在"多而不厌，少而为足"的"多"对"少"等对仗之法，可称合掌，显得稚拙。

黄庭坚诗文对香的观点与《香十德》相比，在内容上有深浅有别，在文体上，尤其是押韵混乱的现象，很显然可以证明此十句的作者不大通文法。若以黄庭坚为作者，恐怕黄庭坚本人也不会答应。然而，从"尘里偷闲"文字及其他条目的内涵来看，《香十德》虽非黄庭坚自作，也可以视为是在黄庭坚香思想的直接影响下创作的作品。

四、黄庭坚与一休宗纯——《香十德》成立的文化背景"五山文化"

既然《香十德》很难认为是由黄庭坚所作，那么，真实的作者究竟是谁呢？我们先要了解出现《香十德》的日本的香文化的发展过程。日本香文化起源于中国，大约在公元6世纪以后，随着佛法东渐，传入日本。香文化在日本的流传大致可分为以下几个时期：（1）奈良时期（710-793）：主要是佛教仪式中的供香，与此同时，少数上层贵族受到唐代文化的影响，用香熏衣或清新居室。（2）平安时期（794-1185）：贵族喜欢闻香，其方法以"熏物"为主。（3）镰仓、室町时期（1185-1573）：欣赏焚香的文化在武士阶层中传播开来，同时带有哲学意义的"香道"逐渐发展形成。（4）江户时期（1603-1867）："香道"正式成为一门艺道，礼法完备，形成了作为一种实践哲学的理论体系。（5）明治时期（1868-1912）：由于西方文化占据优势，香道一度衰退，但最后再次成为上流阶层的高雅品赏。（6）第二次世界大战以后：香道作为日本传统文化，与花道、茶道一起得到广泛传播。

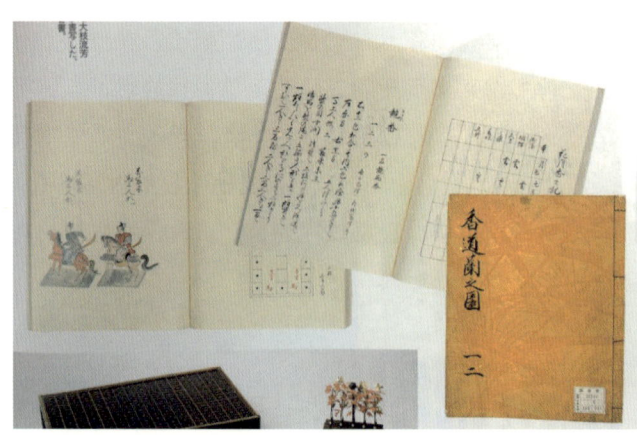

图2 《香道兰之园》书影

图3 《香道贱家梅》书影

其中，在香文化发展史上非常重要的是（4）江户时期（1603-1867）。18世纪以后，日本香界出现了两部最为经典的香学史料著作《香道兰之园》（图2）与《香道贱家梅》（图3）。此时日本香道已经完全体系化，无论是香道的基本形式还是香人素质，都已达到历史最高水平，可以说是在文化史上最繁荣昌盛的一个时期。《香道兰之园》❶是一部综合性的香道大百科，编

---

❶ 参照尾崎左永子、薰遊舍翻刻及校注《香道蘭之園》（淡交社，2002年）及武井雅子《「源氏千種香」の依拠本を探る》第一章、一"『香道蘭之園』の概要と成立"（《總研大文化科學研究》10，2013年）。

者菊冈房行（1680－1747），成书于日本元文四年（1739）左右。全书共十卷，第一卷总论香的传入、香十德、组香、香规矩、十炷香的方式等。《香道贱家梅》❶也是一部香道百科全书，内容大体与《香道兰之园》相似，成书于日本宽延元年（1748），作者牧文龙（生卒年不详），据推测应为御家流的香人。卷一包括香十德、香书目录、香道用具的说明及使用方法。作为香道书籍既完整又系统。据笔者所知，《香道兰之园》有数种写本，但《香道贱家梅》传本极少，寻书多年仅看过一种，而此本状态保存极好，无论是绘画还是书法都出自专家之手，可能是为某一位身份特殊的人士专门制作的书籍。然而，在此两部书籍中，都明确记载了《香十德》的作者为一休和尚。（图4、5）

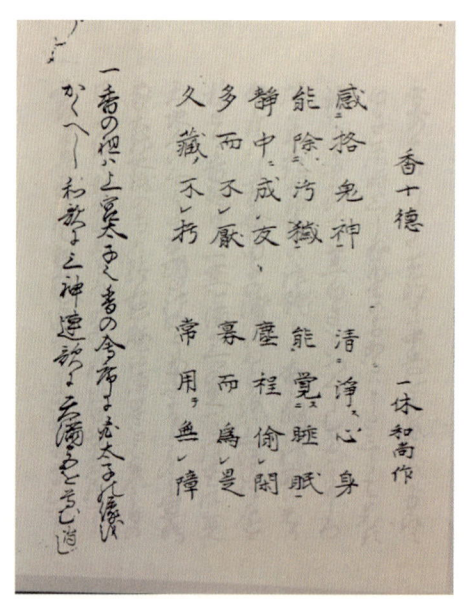

图4 《香道兰之园》所录《香十德》

❶ ［日］牧文龙编：《香道贱家梅》（影印本），知道出版，2014年。

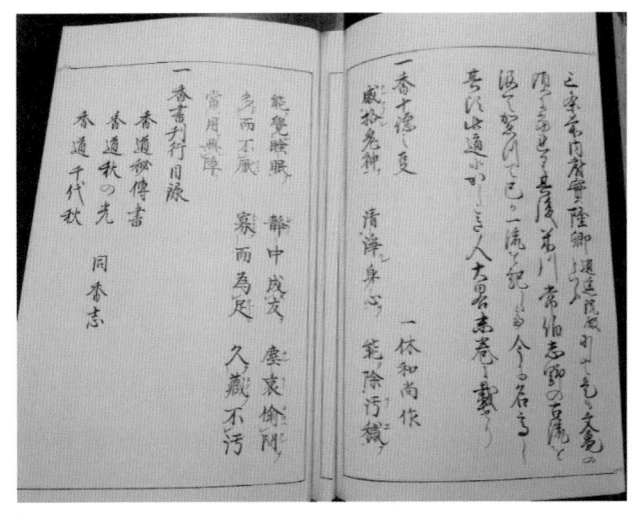

图 5 《香道贱家梅》所录《香十德》

如此看来，可以代表江户中期香道文化的两部书《香道兰之园》《香道贱家梅》中，都写明《香十德》作者就是日本禅僧一休宗纯（1394-1481），并没有提到黄庭坚。可知在日本早期文献中，一休禅师并非单纯的推广者，而是《香十德》的作者，此事可以颠覆现在香界的常识。但一休和尚文集《狂云集》及其他有关文献资料中，并无《香十德》之文，其中也并没有他个人对香文化特别关注的言辞。况且一休和尚在日本是如同释家济公、道家吕洞宾一般的传奇人物，后人所编的传说也很多。日文宽文8年（1668），可称作"一休和尚演义"的《一休咄》刊行之后，流布世间。江户时期还有《一休诸国物语》《一休关东咄》《一休顿智谈》等，都收录了不少后世附会的所谓"一休和尚作"的诗歌作品。故而在同一时期的书籍中，即使称《香十德》为"一休和尚作"亦无法视为作者是一休和尚的确切证据，恐怕也是如同"黄山谷作"一般的无稽之谈。然而,更要注意的是日本古代这种常常被附会、假托的名人并不少,而此处作者为何偏偏是一休禅师?

一休禅师在汉学、艺术等方面造诣颇深,是当时禅林文化的代表人物之一。镰仓时期(1185-1333)后期至室町时期(1336-1573),是以所谓"五山派"的禅僧为中心倡导的汉文化极其兴盛的时代。"五山"本来是中国南宋的官寺制度,即有朝廷任命住持的五所禅寺,地位极其尊崇。镰仓时期日本模仿南宋的五山制度设立镰仓五山(建长寺、圆觉寺、寿福寺、净智寺、净妙寺)、京都五山(天龙寺、相国寺、建仁寺、东福寺、万寿寺)以及五山之上的京都南禅寺,共十一座禅寺,合称"五山十刹"❶。由于官寺制度的建立,寺中僧徒得到信奉禅宗的为政者的极力支持,享受着高雅尊贵的社会地位,寻常以文会友,以诗喻禅。这种现象积习成风,进而风靡一世,成为当时日本文坛的主流,史称"五山文学"。在日本文学史上,五山文学是汉诗嬗变、蝉蜕之秋,完全摆脱了模拟阶段,构思与修辞之妙,几乎与纯粹的宋元诗歌作品没有差别。从这个意义上说,五山佛法不但是宗教哲学之禅,而且是文化、文学之禅。也就是说,禅的思想,不仅被作为宗教,而且被作为文学艺术思想来接受。其文学特点是内容风格多样,关注社会现实,洋溢着世俗气息,咏史作品繁盛,实现了当时贵族与庶民、雅风与俗调两种对立文化的融合互摄。对当时的政治、文化乃至人生观方面都产生了不可忽视的精神上的影响。然而,在此文化潮流之中,一休和尚自由不羁,远离权威,终生不屑于

---

❶ 参见周晓波、王晓东《宋代五山文化的日本传播及其本土化发展》,《宋史研究论丛》,2015年。

寄身五山官寺，只是晚年承蒙敕命而在五山之外的大德寺当过住持而已，因此并非严格意义上的五山禅僧。不过，一休和尚少时在建仁寺待过一段时间，而且平常与官寺僧人交流，一休禅师的文化背景毕竟与五山文化存在着密切的关系。

值得注意的是，黄庭坚文学作品对五山文化的影响极大，甚至可谓占有至高的地位。苏东坡与黄庭坚的诗作，此时已传到日本，五山僧人都读这两个人的作品，最后自行出版，遂有"五山版"的苏、黄诗集。苏、黄文学成就各有千秋，苏轼诗风，天才豪逸，情性尽见，一泻千里，不知所终；而黄庭坚诗作风格富有哲学性，颇有寄托之意，情深意远。高僧虎关师炼（1278-1346）及义堂周信（1325—1388）的读书日记中都提及他们学习苏、黄诗作。与此同时，五山僧徒万里集九（1428-？）所著《天下白》《帐中香》、笑云清三（生卒年不详）《四河入海》、林宗二（1498-1581）所编《黄氏口义》《山谷幻云抄》等这类对苏、黄文集的注释之作也并非少数。五山文人对苏、黄推崇备至，于是出现了一句有名的话："东坡、山谷，味增、酱油。"❶ 味增是黄豆发酵的日本传统豆酱，专门用于调味。日本人将苏东坡、黄庭坚与味增、酱油并列，后者都是日常饮食中必不可少的调味品，而前者也是与之地位相应的精神食粮，由此可见黄庭坚在日本影响的广泛与深入。

由此可见，与《香十德》有关的一休禅师与黄庭坚，都是五山文化的关键词，前者可以视为该文化体系中的重要人物之一，后者是五山禅僧最心醉的诗人。《香十德》的"十德"本来是佛

---

❶ ［日］蔦清行《中世文化人たちの蘇東坡と黄山谷》一文（《日本语·日本文化》44，2017年3月）对此说法进行了考证。

教思想常用的概念及用语，也暗示了《香十德》的来历。各种"十德"见于《华严经》《法华经》等佛经及其注释。譬如唐代僧人释澄观《华严经疏》云"有十德：一二严德，二圆明德，三深广德，四色相德，五慈覆德，六超胜德，七知法德，八绝言德，九同佛德，十赞无尽德"❶。另外还有"母之十德""弟子十德""善知识十德""长者十德""国王十德""闲居十德""智波罗蜜十德""愿波罗蜜十德"等，"十德"之名，不胜枚举。《香十德》以佛家"十德"为整体结构，同时吸收黄庭坚诗句及其思想作为主要内容。因此，即便不排除假托一休和尚之名的可能，我们也可以肯定地说《香十德》是在日本五山禅家文化背景下产生的。

五、小结：作为文化现象的"误会"

《香十德》在十八世纪日本香界先被视为一休和尚所作，后来因为某种原因，作者之名归于黄庭坚。目前所见之明确以《香十德》作者为黄庭坚的文字资料都出现在幕末明治维新以后。譬如志野流十八世家元的蜂谷宗致（1874-1931）所书《香十德》中，左边有"山谷老人之语"六字（图1，右上）。这种误会产生的根本原因很有可能是《香十德》第六句"尘里偷闲"直接来源于黄庭坚六言绝句《子瞻继和复答二首》其二（《内集》卷三）所云"九衢尘里偷闲"，而当时日本读书人乃"闻一知十"，误以为全部文句皆为黄庭坚所作。

其实在中日文化交流史上，这种日本人所写诗文因为多种原因而被视为中国古人的作品的事例并不少见，甚至有些作品传回到中国，最后也受到大众的公认。譬如日本古书称"白居易自撰"

---

❶ （唐）释澄观：《华严经疏》卷四十五，大正新修大藏经本。

的《长恨歌序》在中国的历代著录中都找不到踪影,应为日本中世文人的假托之作❶。又在日本脍炙人口的传为"朱熹所作"的《偶成》:"少年易老学难成,一寸光阴不可轻。未觉池塘春草梦,阶前梧叶已秋声。"此诗可以视为一首劝学之诗,措辞典雅,意味深长。然经过日本学者考证,如今可知这首七绝本为五山僧人写给少年情侣的情诗,内容正与断袖之癖有关。然而,到明治维新之后,学校教科书收录此诗,误为南宋朱子所作❷。不知何故,近年在中国作家随笔、学术著作中往往引用"朱熹《劝学》"。其中最与《香十德》有关的是日本茶道推重的《茶十德》❸。香道与茶道经常相互学习与借鉴,双方都有"十德"也不足为奇。茶人在正式茶会时所穿衣服,称之"十德",也许来源于此。据说"茶版十德"作者是著有《吃茶养生记》的明庵荣西(1141-1215)的弟子明惠上人(1173-1232),或云武野绍鸥(1502-1555),如同《香十德》的作者情况一样,这些说法也不可深信。"茶十德"大略有两种版本,其中一种版本云:

诸佛加护,五脏调和。孝养父母,烦恼消除。寿命长远,睡眠自除。息灾延命,天神随心。诸天守护,临终不乱。❹

四言十句与《香十德》相同,内容也是开头便说"诸佛加护",与"感格鬼神"的逻辑一致。又"睡眠自除"颇似"能觉睡眠"等,两者或许存在借鉴与模仿的关系。

❶ [日]太田次男:《長恨歌序の成立について》,《東方學》69,1985年。
❷ [日]柳瀬喜代志:《いわゆる朱熹の「少年老い易く学成り難し」(「偶成」詩)考》,《文學》57(2),岩波书店,1989年。
❸ 关于"茶十德"的来历及版本,参见〔日〕石塚修《「茶の十德も一度に皆」考:「茶の十德」を中心として》,《文艺言语研究:文艺篇》37,2000年。
❹ 《茶之十德:栂尾明惠上人釜之銘》,早稻田大學古典籍總合データベース「西垣文庫 10080300059」。

这些类似《香十德》《茶十德》及《劝学》的情况，在古今中日跨文化交流的过程中是难免发生的问题，而与此同时，也不能说是单纯的错误。譬如《香十德》虽非黄庭坚所作，而其内容本身无疑吸收了黄庭坚香文化思想。无论作者是谁，这些美德的具体内容都是对香品内在特质的高度概括，在其背后存在着复杂深厚的传统文化背景，并非是就某一地域、某一个人而能说尽的事情。此人还是彼人？正确还是谬误？有意还是无意？这些都可以说是无关紧要的事情，更为重要的是，这些具体的情况，可以看做是中日文化交流之互动、接受及其嬗变的一个缩影。

孙亮于 2014 年 10 月在墨尔本艺术节上展演中国香道

诗人之嗅觉——从黄庭坚笔下的"香"谈起

[日]早川太基

一、作为关键词的嗅觉

本文试从对"香"的嗅觉这一角度来探讨黄庭坚（1045～1105）文学作品的特性。如王维自言"前身应画师"（《偶然作》其六），其擅长丹青之技，并将视觉用语言的方式表达出来，而作品色彩感觉十分丰富；白居易喜好音乐，故而在《琵琶行》中将听觉之美表达得淋漓尽致。可知与生俱来的敏感的五官感觉，有时可以决定一个人的创作方向。正如下文将要探讨的内容，黄庭坚作品中对于"香"的视点与表现方法非常独特，或者可以说黄庭坚是嗅觉十分出色的诗人。

当然，关于"香"的文学作品由来已久，就内容来看大致可以分为描写花草之香与描写香料之香的两大类。以楚辞中反复出现的香草为其先驱，自汉以降，各种各样的香料自南方或西域而来，产生了"返魂香"、荀令留香、魏武分香、韩寿偷香、谢玄佩香等典故。同时也出现了刘向《博山炉铭》、昭明太子《铜博山炉赋》、梁元帝《香炉铭》等涉及香炉的作品。另外，以香料为题材的作品有左棻《郁金颂》、江淹《瑞沉宝峰颂》等。魏文帝《迷迭香赋》、傅玄《郁金香赋》、傅咸《芸香赋》、江淹《藿香颂》、杨炯《幽兰赋》等作品中则对花草香进行巧妙地描写。其中《玉台新咏》收录的无名氏所作《博山炉》、刘绘《博山香炉》、沈约《博山香炉》等六朝作品，用了许多比喻，华丽歌咏香炉与香烟之形态，其描写极其精彩。洎乎唐代，作为一种点缀，焚香的场景大量出现，特别是李商隐所作《烧香曲》，常常被古代有关香的书籍所征引，虽然该诗内容主要是描写女道士，然而描写焚香的部分亦十分细腻。还有，北宋丁谓《天香传》细致记录香料与其产出背景，可谓特别之作。然而，如上作品所见的共通之处是，其基本姿态都是从外部对香的客观观察、对香炉与烟外观的多样描写，或者是强调香之珍稀，至多只是停留在一种以香为题材的咏物诗的范围之内。黄庭坚诗中的"香"则具有了与此种咏物诗明显不同的形象。以下，先来看黄氏是如何把握距离身边最近的自然界花草的芳香的。

二、黄庭坚诗中的花香

台北故宫博物院所藏黄庭坚《花气诗帖》❶ 七绝起句是令人印象深刻的佳句，展现出作者艺术感性的一面。其句云："花气熏人欲破禅。"寻求幽禅的寂静却为"花气"所破，如此设定类似于"灭却心头火自凉"（杜荀鹤《夏日题悟空上人院》）句

---

❶ 中国书法选《黄庭坚集》，二玄社，1998年，第60—61页。

之翻案亦其实不然，诗人的内心不得不为芬芳四溢的"花气"所唤醒，此乃由于天赋的感性或者说执着的心存在而导致的必然结果。陶醉于逼人而来的"花气"之美，从此角度来说，"破禅"亦为一种快感。这样就写出了自身处于"禅"的静与"花气"的动之间不可思议的矛盾之中的心中境界，使人感受到诗人独特的直率之气，而不由产生一种紧张感。花香深深沁入诗人的内心，"破禅"亦同时而起。在黄庭坚作品中，诗人对于花香的敏锐感觉，就如此编织了一个独特的世界。迨至宋代，咏花诗也取得新的发展，"腊梅""水仙""酴醾""山矾"等前代少写或者未曾写的花草开始受到关注，而黄庭坚写这些花的名作皆有流传❶。此处需要注意的是，"腊梅""水仙""酴醾""山矾"诸花皆能释放具有特色的芳香，是为共通之处，可以推测黄氏个人所关心之处应在于此。

下面所举作于元祐元年（1086）的五绝《戏咏蜡梅二首》（《内集》卷五）❷，从诗本身的完成度与对其他人的影响力两点来看，可以说在黄庭坚作品中咏香的世界中，达到一个高峰。自从黄庭坚首次发掘腊梅价值之后，腊梅开始在京城流行，确立了作为花的文化地位。该作品即为导火索，其所歌咏的腊梅特有魅力就是花香。诗云：

❶ 宋代以降，关于这些作为吟咏对象而发展的花草，学界分别有专论。中尾弥继《腊梅诗について》（佛教大学《佛教大学大学院纪要》第三十号，2002年）、《宋代における荼蘼诗について》（宋代诗文研究会《橄榄》第十四号，2007年）、《宋代の水仙花——诗词にみえる黄庭坚の影响について》（《中国言语文化研究》第十二号，2012年）、加纳留美子《神仙から花へ——"水仙"の変迁之"水仙花"の受容》（《橄榄》第十九号，2012年）等有详论。

❷ 本稿引用的黄庭坚诗歌作品以及编年使用黄宝华《山谷诗集注》（任渊、史容、史季温注，谢启昆补遗，上海古籍出版社，2015年），标明集名以及卷数。其他散文等使用郑永晓《黄庭坚全集（辑校编年）》（江西人民出版社，2011年），注明页数。

金蓓锁春寒，恼人香未展。虽无桃李颜，风味极不浅。

此诗与《花气诗帖》相同，表现了恼人香气之袭来。"蓓"字见于《集韵》卷五"蓓蕾，始华也"，即花蕾之义。金色的花蕾中蕴藏着"恼人香"，花尚在寒气中未开放。"桃李颜"早见于六朝诗，但正如任渊所注，李白《古风十九首》其十二云"松柏本孤直，难为桃李颜"的对比方式与本诗的用法最为接近。本诗不直接描写溢出芳香的花蕊，而是言"香未展"，整体构造是书写一种想象或者记忆中的香气，使人感受到诗中作者强烈的陶醉与期待。最后以"风味极不浅"为结尾，是毫不修饰并且断定的口吻，足以引起读者的兴趣——具体花香究竟如何？再看第二首：

体薰山麝脐，色染蔷薇露。披拂不满襟，时有暗香度。

第二首起承句是对句，用麝香与蔷薇两种香料相比况，措辞华丽。转句"披拂"为双声语，见于《庄子·天运》，《经典释文》云"披拂，风貌"。虽然被风吹动，香气尚未溢满胸中，但有时会悄悄地忽然掠过鼻子。此两句使人联想到林逋《山园小梅》其一的名句"暗香浮动月黄昏"，细腻写出了花香微妙的浮动性。

接下来看一下黄氏以香为主题并且颇费苦心的诗歌作品。黄庭坚于建中靖国元年（1101）春滞留荆州时期，有许多如《王充道送水仙花五十枝欣然会心为之作咏》（《内集》卷十五）、《刘邦直送早梅水仙花四首》（同上）等描写梅与水仙的名作传世。接下来分析的是黄庭坚次韵荆州长官马瑊所作《次韵中玉早梅二首》其二（同上）：

折得寒香不露机，小窗斜日两三枝。罗纬翠幕深调护，已被游蜂圣得知。

任渊作注时，大概由于第一首云"知公家有似梅人"，故指出此诗可能是一首隐含描写马瑊家妓样态的戏作，此言无他证可考。此诗由令人难以理解的起句开始，说是折取散发凛凛香气的梅枝之行为是在隐秘情况下发生的。正如黄庭坚禅学之师晦堂祖心的偈语《日暮郊行》所云"不露机关人不识"❶，"露机"是禅语，在此诗中给人留下了意味深长的印象。雨中窗边，插着二三枝梅花，虽然是在隔着几重帘幕的室内，却被"圣得知"的蜜蜂循着香气寻到。"圣得知"此说法初见于韩愈《盆池五首》其四，宋代以后开始广泛使用，意为"聪明地察知"。此处"不露机"与"圣得知"相呼应，梅花发香的特性欲隐藏而不可得。另外，蜜蜂敏感察知香气亦出于本性，因而，大自然与"折得寒梅"中被隐藏的一切"机"都露了出来。黄氏以香为媒介，短短一首诗中就表现了梅花与蜜蜂之间一种必然的邂逅，所以此诗可以说是一首饱含情味的哲学诗。

黄庭坚晚年因政治之变而遭流贬，崇宁三年（1104）赴宜州，在途次作了《戏咏高节亭边山矾花二首》其一（《内集》卷十九）：

北岭山矾取意开，轻风正用此时来。平生习气难料理，爱着幽香未拟回。

---

❶ 《黄龙晦堂心和尚语录·偈颂》，《卍续藏》第六十九册。

山矾为山矾科山矾属❶，据该诗序文所记，称原名"郑花"，王安石认为名字太俗。黄庭坚遂因其叶可作黄色染料，重新取名为"山矾"。正逢开花时节，"轻风"吹来也是导出后半"幽香"之伏笔。后半由于诗人难以抑制"平生习气"，故被"幽香"所迷而不能离去。轻描淡写不加修饰的口吻，使人看到作者平素对花香的喜爱如此真率。最后，来看黄氏晚年书简《与李端叔》其三：

数日来骤暖，瑞香、水仙、红梅盛开，明窗净室，花气撩人，似少年时都下梦也。但多病之余，懒作诗耳。❷

瑞香、水仙、红梅都是具有清冽芳香的花木，其香气仿佛使人想起了少年东京梦华之日。黄氏在流放以及多病的困境之中懒于作诗，对于花香之美的敏锐感觉却丝毫不曾衰退，以致于内心骚动颤抖。从这些语言中亦能够读出黄庭坚的艺术天分，虽说自己只迷醉于香气而不能作诗，但产生了这封洋溢着如诗一般美好情感的书简。

三、黄庭坚与闻香文化

钟爱自然界的花香的诗人，同时也热心于亲自混合香材，以调制出怡人养心的芳香。关于黄庭坚与香文化之关系，已有数篇论文发表。❸另外，关于黄庭坚精通药学的记述，详见吉川幸次

---

❶ 参照中尾弥继《宋代の水仙花——诗词にみえる黄庭坚の影响について》注释（9）。

❷ 《黄庭坚全集》，第1199页。

❸ 有刘静敏《灵台湛空明——从〈药方帖〉谈黄庭坚的异香世界》（《书画艺术学刊》2009年第7期）、邱美琼《黄庭坚鱼香》（《文史杂志》2014年第1期）等。

郎《诗人与药铺——黄庭坚论》❶，黄庭坚尺牍中也散见关于调合药物的记述。本文一则补足说明黄庭坚关于调香、闻香文化的背景，二则分析黄氏如何用语言来表现香，即分析其文学特质。

（一）黄庭坚与香

黄庭坚文集收录有记述"汉宫香诀""婴香""意和香""意可香""深静香""荀令十里香""小宗香""百里香""篆香"等调合香料之法的文章❷，可证其对于香文化的热情。台北故宫博物馆现存黄氏真迹《药方帖》所书"婴香"的具体调合方法，与文集所载文字稍有不同，亦可供参考。此外，可谓宋代香文化之集大成者的陈敬《陈氏香谱》❸卷二有"黄太史清真香"，卷三有"黄太史四香"，即"意和香""意可香""深静香""小宗香"四种调香法。由于黄氏在哲宗朝任《神宗实录》编撰史官，故称"黄太史"。"四香"都是黄庭坚深寄其心之香，黄氏都亲自记载调合之法。其中"意和香"与"深静香"附有其跋文，记录其背景：前者由本人命名，释放"不凡"香气；荆州欧阳献为黄庭坚调合"深静香"，以为赠礼，黄氏评其芳香云"此香恬淡寂寞，非世所尚。时时下帷一炷，如见其人"，描写其清幽之趣。黄氏特别注意此"四香"调合之法，如书简《与徐彦和三首》：

前所寄者，似与小宗香不类。亦恐是香材不妙，使香材尽如所惠苏合之精，自可冠诸香矣。意可尤须沈材强妙。前录意可方去，

❶《吉川幸次郎全集》第十三卷，筑摩书房，1996 年。
❷ 八种香的制法以及跋文原文皆在《黄庭坚全集》，第 1617—1671 页。此文出处均为南宋乾道年间刊本《类编增广黄先生大全文集》卷四十七。
❸ 本稿参照《陈氏香谱》四卷本（四库本）。刘静敏《〈陈氏香谱〉版本考述》（《逢甲人文社会学报》第 13 期，2006 年）有专门研究。

似遗两种物。盖当于诸香后云"龙脑、麝香各三钱，别研"。若果遗，幸增入。❶

内容是关于"小宗香"与"意可香"的记述，细腻关心原料的材质、前回所记笔记可能有遗漏之处等问题，证实了他对于香近乎狂热的态度。如此喜爱焚香者不止黄氏一人，周围之人亦然。第一，洪刍（字驹父）是黄庭坚早逝的女弟之子，同时也是其母李氏女弟之孙，从黄氏学习诗法，后来成为江西诗派中屈指可数的人物。洪刍著有《香谱》，详细记载了调香法与典故，是了解北宋香文化的重要资料。❷《陈氏香谱》卷三也收载来自洪刍的"洪驹父百步香（别名万斛香）"与"洪驹父荔枝香"，另外在"韩魏公浓梅香"处有注释其洪氏所取别名"返魂香"，还附录黄庭坚的跋文。第二，此书卷三还记载了名为"黄亚夫野梅香"的调合法，"亚夫"即黄氏父亲黄庶之字，北宋历史资料中，与此姓字相一致的人物别无他人，此处"野梅香"极有可能出自黄庶。虽然黄庶卒于嘉祐三年（1058），其时黄庭坚方十四岁，但不难想象他个人的嗜好与习惯受到各方各面的影响。黄庶所作七绝《怪石》的格律、措辞等奇怪之处往往被视为后来山谷诗法的渊源，❸其爱香之癖或许也是承父之志。第三，在《谢答闻善二兄绝句》其六云"莘老夜阑倾数斗，焚香默坐日生东"（《内集》卷十五），"莘老"即其岳父孙觉之字。由此观之，黄庭坚与身边的黄庶、洪刍，三代皆精通调合法，其岳父孙觉同样喜好焚香，

---

❶《黄庭坚全集》，第 1451—1452 页。
❷ 本稿参照洪刍《香谱》"四库本"以及"百川学海本"等。参考刘静敏《宋洪刍及其〈香谱〉研究》（《逢甲人文社会学报》第 12 期，2006 年）。
❸《山谷别集》卷下《和柳子玉官舍十首》题下注以及《苕溪渔隐丛话前集》卷四十七等引用的《洪驹父诗话》有记述。

一族皆与香文化有密切联系。

（二）"江南帐中香"六言绝句

接下来看黄氏作于元祐元年（1086）吟咏"江南帐中香"的作品。关于此香的调合之法，《有惠江南帐中香者戏答六言二首》（《内集》卷三）任渊注云"洪驹父《香谱》有江南李主帐中香法，以鹅梨汁蒸沉香用之"，认为此香自南唐宫中传来。现存本洪刍《香谱》也记载类似调合方式，《陈氏香谱》卷二亦载"江南李主帐中香"的四种调合方法，前三者同以沉香与梨汁相配而成，仅剩余的一种香方为"沉香四两，檀香一两，苍龙脑半两，麝香一两，马牙硝一钱"，与其他大不相同，是同名而别法。另外，该卷别处还有"李主帐中梅花香"，其调合法云"丁香一两一分，沉香一两，紫檀半两，甘松半两，龙脑四钱，零陵香半两，麝香四钱，制甲香三分，杉松麸炭四两"。黄庭坚关于"江南帐中香"的诗句中如下文所引"香螺""螺甲""误以甲为浅俗，却知麝要防闲"，明确说明此香中使用了甲香与麝香，又其中一首的诗题云"有闻帐中香以为熬蝎者"，也难以想象此香是用沉香与梨汁的搭配。因此，虽与任渊所说相异，但传承至今的"帐中香"香方中，最为相符的当是"李主帐中梅花香"。下文《有惠江南帐中香者戏答六言二首》（《内集》卷三）是作为别人馈赠"帐中香"的答礼而作的。第一首如下：

百炼香螺沉水，宝薰近出江南。一穟黄云绕几，深禅想对同参。

"百炼"借用刘琨《重赠卢谌》（《文选》卷二十五）中诗语"百炼钢"，形容用甲香与沉香相炼制之香的贵重。另外在北宋以前并无用"宝薰"一语之例，或是黄氏造语，使人联想其从江南传来的庄严与绚烂。转句"一穟黄云"，"穟"与"穗"为同字，典故出自《传灯录》卷二"摩挐罗"，该处记载摩挐罗尊者自月氏国来朝时，香烟如同"穗"一般，世谓瑞兆。这个佛家典故为次句出现的用以表现深刻禅定境地的"深禅"一词埋下了伏笔。"同参"于《传灯录》卷六"南岳怀让"条亦见"同参九人"之文，意为共同参禅，即想起了共在香气深处坐禅之境的道友。虽为短诗，但嵌入了"香螺""沉水""宝薰"这些华丽语汇，描写黄色烟云缭绕几案的场景，进而美妙的香气与勾起哲理的记忆相结合，写出极其寂静的心境。下面来看第二首：

螺甲割昆仑耳，香材屑鹧鸪斑。欲雨鸣鸠日永，下帷睡鸭春闲。

起承句的"昆仑""鹧鸪"皆是由两个字合起来才表达完整意思的词汇，并且为偏旁对的巧妙构造。后半描写悠闲情景，在封闭的房屋中，用"睡鸭"形状的香炉来享受香味。"日永"与"春闲"重复表现放松的内心。

苏轼有次韵诗作《和黄鲁直烧香二首》。❶东坡先生对香文化的造诣甚深，《陈氏香谱》卷二所载"苏内翰制衙香"或可以认为是与苏轼有关的合香，卷三所载"韩魏公浓梅香"所附黄氏"跋"记载其调合法为韩亿传于苏轼，由此可见苏轼与香文化关系之密切。其诗如下：

四句烧香偈子，随香遍满东南。不是闻思所及，且令鼻观先参。

起句苏轼将黄氏诗作看作如同《金刚经四句偈》《雪山偈》

---

❶《苏轼诗集合注》，上海古籍出版社，2013年，第1396页。

等专说佛理的四句偈颂。随着舞动上升的香烟，蕴藏于偈颂的思想也遍布了作为"帐中香"发祥地的"东南"江南之地，十分壮观。"闻思"见于《楞严经》卷六，指观音菩萨修行法，是结合听与思考行为的说法。另外，清人查慎行注释指出"闻思"可能是指"闻思香"，《陈氏香谱》卷二亦载有两类"闻思香"。南宋时期成书的《锦绣万花谷》卷三十三《香》引用黄庭坚的解说，认为香名的由来出自《楞严经》，明代《香乘》卷十一《香事别录》则认为此香由黄庭坚本人命名，即此香源于黄庭坚。此诗"闻思"极有可能是两者的双关。"帐中香"是超越"闻思"与"闻思香"之存在，故首先写由"鼻观"以达到香的境界。"鼻观"在此诗中理解为经过鼻子的香之观想，也即嗅觉。❶ 黄诗《题海首座壁》（《外集》卷十三）亦有云"香寒明鼻观"。下面再看东坡所作第二首：

> 万卷明窗小字，眼花只有斓斑。一炷香消火冷，半生身老心闲。

"斓斑"同"斑斓"，即光彩陆离之貌，此处形容由于读书万卷而导致眼花之态。后半内容是出于独特视点的观察，写焚香结束以后一切归于无有的寂静，接着说自己现在仿佛与香烟、香火合为一体般，"身老心闲"。如上所述，通过探讨这四首作品，可见苏东坡与黄庭坚通过互相次韵而互相深化了诗境。如果说第一首黄庭坚是由于香的触发而驰想到禅的境地，那么苏轼则更是从禅学的角度来写香。如果说第二首描写的是由香所构成的寂静空间，那么可以说苏轼提出了"以寂灭为乐"的淡泊之美学。收到苏轼此次次韵，黄庭坚更作了《子瞻继和复答二首》（《内集》

---

❶ 参照周裕锴《法眼与诗心——宋代佛禅语境下的诗学话语建构》第三编，第一章，第二节《鼻观圆通：闻香如参禅》（中国社会科学出版社，2014年）。

卷三）。第一首祝贺苏轼自上年十二月开始复归朝廷，"迎笑天香满袖，喜公新赴朝参"，描写宫中香烟熏染其朝衣两袖，洋溢着昂扬的心情。而从深化闻香之喜悦的角度来描写的，是第二首。

迎燕温风旎旎，润花小雨斑斑。一炷香中得意，九衢尘里偷闲。

起承句描写京城迎春，"旎旎"如卢仝《寄韩曦上人》云"春风醉旎旎"，形容春风柔软。"温风"及"润花小雨斑斑"使人想到潮湿的空气，于是享受幽香的舞台装置已经完备。后半说虽然身处京城的杂沓之中，但一炷香即瞬间构筑了一个完全个人的隐秘空间。置身于"九衢尘里"如此广阔的外部世界之中，意识的焦点却仅仅放在"一炷烟中"，在此"得意"与"偷闲"拥有绝对价值。作品四句皆用对偶，技巧娴熟，接续前半优雅的描写，后半直接由闻香而确立内心世界，在黄庭坚关于香的作品中是完成度相当高的一首诗。在日本香道界，有传为黄庭坚作的，叙述香的十种公德的《香之十德》，❶ 其第六条"尘里偷闲"即化用此诗，可知其对后世的影响亦不少。黄庭坚还有一首同韵的《有闻帐中香以为熬蝎者戏用前韵二首》（《内集》卷三）。先看第一首：

海上有人逐臭，天生鼻孔司南。但印香严本寂，不必丛林遍参。

有人闻"帐中香"之香，以为熬蝎，故作此诗。用"逐臭"典故，明显可见诗题中"戏"的要素。《吕氏春秋·遇合》云，有强烈体臭的人被亲戚兄弟所嫌弃，不得不独自一人居住于海边，有人却喜好其体臭，昼夜缠绕不休。确实"帐中香"也是如此，

❶ 在日本香道书籍中出现的传为黄庭坚所作《香之十德》不见于中土文献，或为日本人所作。关于此问题并无专论，待别为撰稿论之。

自己认为芳香，而也有人联想到熬蝎，对美恶的价值判断事实上是因人而异的相对观念。同年所作《次韵王荆公题西太一宫壁二首》其一云"真是真非安在，人间北看成南"（《内集》卷三），意境与之类似，认为与生俱来的"鼻孔"会"司南"，即指向喜好之处。后半用《楞严经》卷五所载典故，香严童子因沉香之香而开悟阿罗汉。香严童子闻香，观想非"木"非"空"，非"烟"非"火"，去来无定所，终于开悟，从如来处得到"香严"之号的印可。此诗写到倘若如此的开悟能收到认可，那么就不必赴"丛林"即僧伽参禅，说明闻香、追求香这一行为可能给人带来巨大的影响。

（三）"意和香"五绝十首

下面来看关于"黄太史四香"之"意和香"的诗作。根据黄庭坚《跋自为香诗后》❶所述由来，"意和香"由友人贾天锡所调合，香气"清丽闲远，自然有富贵气，觉诸人家和香殊寒乞"，大加赞赏。贾天锡时送此香，希望黄庭坚作诗作为回报。于是黄庭坚用韦应物《郡斋雨中与诸文士燕集》"兵卫森画戟，燕寝凝清香"为韵作了十首五绝。贾氏"意和香"调合方法十分复杂，根据资料不同，也有相异部分，大概如下所述：将沉香在梜楂的汁液中浸泡三日，以此为主要材料，加入紫檀和龙茗，用胡麻油来煎煮，待颜色变黄，用热蜂蜜水洗净，然后磨成粉末，加入少量龙脑与麝香，最后用枣子的果肉熬炼。黄氏"跋"云"犹恨诗语未工，未称此香尔。然余甚宝此香，未尝妄以与人"，可以想见其倾倒之态。黄氏此诗题为《贾天锡惠宝薰乞诗予以兵卫森画戟燕寝凝

❶ 《黄庭坚全集》，第448页。

清香十字作诗报之》（《内集》卷五），与上文"帐中香"相关诗作一样，同作于元祐元年（1086）。第一首如下：

  险心游万仞，躁欲生五兵。隐几香一炷，灵台湛空明。

  紧张之心游于万丈之危，躁动的欲望生出各种伤人的武器。然而倚靠几案而焚香，"灵台"即内心无边无际满是澄澈透明的境界。"心游万仞"全用陆机《文赋》（《文选》卷十七）之句，同时措辞可能与《庄子·列御寇》"人心险于山川"有关，再加上"险"字，愈加突显"游"之危险，使之充满紧张感。"五兵"见于《周礼·夏官·司兵》，指五种兵器。由闻香而在自己内心（灵台）形成新的世界，是黄庭坚诗中反复出现的主题。然而由于此诗前半成功描写了内心的焦躁与危机感，作为对比的闻香形象便升华为更加"空明"。此处"空明"，除任注所举陶渊明《辛丑岁七月赴假还江陵夜行涂口》（《文选》卷二十六）"夜景湛虚明"以外，还可能来自《摩诃止观》卷九所载禅之十种功德中"空"与"明"，书中说"空"曰"空心虚豁"，说"明"曰"冏净美妙，皎皎无喻"；又"隐几"与"灵台"分别见于《庄子·齐物论》及《庚桑楚》，可谓在诗中酝酿着浓厚的释老之味。

  第二首有诗句"俗氛无因来，烟霏作舆卫"，香在俗尘之中起到"护卫"的作用，巧妙使用了韵字"卫"。第三首密集写了"石蜜""螺甲""槱樟""水沉"等香料，面对冒起的香烟，"对此作森森"用"森森"二字，写出了庄重的心情。进而第四首云"谁能入吾室，脱汝世俗械"，如今将把自己的欢喜与他人共同分享。特别值得注意的是第五首：

  贾侯怀六韬，家有十二戟。天资喜文事，如我有香癖。

据任渊注，贾天锡是世家武门。此处言其人喜好文学，正如同自己的有"香癖"。古人虽有"茶癖""酒癖""马癖""诗癖""钱癖""书癖""左传癖"之语，而"香癖"一词在此诗之前未见用例，可以认为是黄氏造语，而与其关系亲密的诗僧惠洪很快便借用到"香癖出天性"❶句中。第六首写有关范晔《和香方序》的内容，第七首结合了悼亡与香。第八首云"床帷夜气馥，衣桁晚烟凝。瓦沟鸣急雪，睡鸭照华灯"，写发现生活中与香相关的审美意识，将焦点放在了灯火映照下"睡鸭"形的香炉上。第九首描述朝参时宫中香烟。第十首转结句云"当念真富贵，自熏知见香"，是说"意和香"虽有富贵之趣，但真正的富贵其实是闻到如同《坛经·忏悔》中所说的自己内心的"解脱知见香"一般的真理之香。这十首皆是以自己与香世界的关系作为中心，其中浮现的是被香深深迷醉的强烈自我。

（四）其他闻香诗的描写

最后来看其他一般的闻香诗。例如元祐二年（1087）《谢王炳之惠石香鼎》（《内集》卷八）是为友人王伯虎（字炳之）赠送的石香炉而作，细腻描写了闻香之样态。

熏炉宜小寝，鼎制琢晴岚。香润云生础，烟明虹贯岩。法从空处起，人向鼻端参。一炷听秋雨，何时许对谈。

"小寝"这一私人化的空间中有三足香炉，其颜色如同把澄明的"晴岚"琢亮，光彩耀人。芳香如同湿润的云朵一般飘浮于室内，鲜艳的香烟如贯岩之霓虹，想象开阔。此句写法出自《传

---

❶ 惠洪《石门文字禅》卷七《送元老住清修》（四部丛刊本）。

灯录》卷四南阳慧忠示寂时,暴风雨骤起,白虹贯于岩盘的典故,具有极强的表现力。颔联是关于香烟的实景描写,颈联则是交织禅理的虚景,诗人幻视到在烟之中浮起的"法",一切感觉皆在鼻端变得敏锐。香与"法从空处起"相重合的形象,在黄氏所作《十六罗汉赞》中"第八尊者伐阇罗吠多罗"中也出现过"百和香",下句续曰"佛法本从空处起",❶皆因香的出现而赋予其形而上的意味。尾联向王炳之发问——边听秋雨边独自点起一炷香,我何时才能与你在这般氛围中相对而谈?咏物描写之妙自不必说,同往常一样凝视自己的精神世界,最后透露出希望共同享有此小世界,乃本诗独特之韵味。

四、"香"之认识论

如第二章及三章所述,已探讨了花草与闻香的诗歌作品,黄庭坚作品中的"香"并不局限于对香料、香气的外观描写,而是一种更加逼近或者陶醉、迷住诗人五官的形象,或者是一种使人集中意识的焦点。换言之,在诗歌中,细致描写了身外之香与自己内心之间的心理关系,利用香气、香烟巧妙地表达感情,塑造出绵延悠远、无穷无尽的文字效果。诗中人物沉迷于香,并且有时得到深切慰藉,如此纤细的心理关系构图在黄氏以前的文学作品中是极少见的,而在黄诗中大量出现,更可证明黄氏对香的独特感觉与视点。黄氏通过从禅学角度表达对香的认知,充分展现了这一构图。周裕锴已从禅学的嗅觉概念出发,对宋人的美学意识进行了考察,其中对于黄庭坚也多有论述。❷以下,参考周氏

---

❶ 《黄庭坚全集》,第448页。
❷ 参照周裕锴《法眼与诗心——宋代佛禅语境下的诗学话语建构》第三编,第一章,第二节《鼻观圆通:闻香如参禅》(中国社会科学出版社,2014年)。

之论的同时，从探索黄庭坚的特色立场，更加详细地进行构造分析。

首先，黄庭坚有如下的个人性的体验。元祐六年（1091）以后，因母亲之丧而归乡时❶，访问当时住在黄龙山的临济宗黄龙派高僧晦堂祖心（1025—1100），并问以开悟快捷方式。然后晦堂引用《论语·述而》"二三子，以我为隐乎？吾无隐乎尔"，反问道："你平日如何理解这些话？"虽然黄庭坚尝试回答，但晦堂只说"不是不是"。黄庭坚颇为苦恼。某日，与晦堂山行，桂花盛开，芳香四溢，晦堂问："闻到桂花香么？"黄氏对曰："闻到了。"晦堂祖心不失时机说："吾无隐乎尔。"黄庭坚顿时开悟而拜："感谢和尚恳切的教诲。"晦堂笑道："只是回归自己的家罢了"。❷

桂花的馥郁香气通过鼻孔深深沁入，正如《楞严经》卷五所说香严童子的典故，唤醒了内部沉睡的佛性。作为诱因的《论语》那段话接下来是"吾无行而不与二三子者，是丘也"，据说孔子会通过日常生活的一切来教育弟子，而弟子们并未察觉，误解孔子在"隐"。至高之物，是毫不隐蔽的自然体，事实上近在目前，而能否感知到其存在则完全取决于自身。同理，桂花到秋天自然呼出清香，而能否认识香气并发掘价值，取决于自身的发现能力。

在这段逸话中，《论语》与桂花这两种截然不同的要素互相补充，具有禅问答特殊的紧张感。黄庭坚本是精通儒学的士大夫，

---

❶ 关于此事系年，参考郑永晓《黄庭坚年谱新编》（社会科学文献出版社，1997年），第247页。
❷ 此事内容根据《五灯会元》卷十七《黄龙祖心禅师法嗣·太史黄庭坚居士》，同样内容互见《罗湖野录》卷一、《鹤林玉露》丙编卷三等。

却问他《论语》之句，并且最开始对黄庭坚的解释一次次否定。在此就生发了深刻矛盾，二人对话也一时间进入死胡同，而其突破口是香。秋日黄龙山的桂花香，充满黄庭坚身外的世界，但因晦堂一语，花香便作为一种意识飘满了内心的世界，同时发挥着作为一把解读一切的钥匙的功能。身外之香与内心感觉相一致，自己与香之间的关系开始浮现，禅理、《论语》与桂花三者突然之间开始产生共通点，黄庭坚将一切理解为身体感觉。黄庭坚《花气熏人帖》诗句所云"花气熏人欲破禅"，但上述生涯中最本质的"禅"之体验，正好与此诗句内容相反，是在花香之中得到成就、完结的。"花气"与"禅"已不是破与被破的对立构造，正是由于花香成为"禅"的容器，才成就了沉醉于花香的人心。黄氏对于日常中香的喜爱是极深的，正如不二法门所说"烦恼即菩提"，由于心中的执念相似，所以观香一如观心。

下面所举的黄庭坚散文《幽芳亭记》，在以对香的认识为主题这一点上，其内容可以说是上述精神体验的补足。应与黄氏《书幽芳亭》同时成稿，文中称"涪翁"，可知作于贬涪州别驾的绍圣元年（1094）以后，作品多用俗语与禅语，叙述"兰""风"以及对香的认识这三者的关系。三者关系的构成以及"风"这一道具为准备，使人联想到六祖慧能的典故——他说道，不是风动，也不是幡动，而是自己的心在摇动。另外，周裕锴认为这篇文章基本是《楞严经》卷三世尊与阿难尊者问答中关于闻香一段的演绎。❶然而，实际仔细来读，问答原文否定了对于"香"的认识是由"香木""鼻""空间"三者之间的相互作用产生的，认为"香"与"嗅觉"皆是虚妄。而黄庭坚之文并非单纯的改写，如上所述，

---

❶ 参照周裕锴《法眼与诗心》（同上注15），第150页。

他加入了更多的工夫,重新提出自己的认识论。文章首先从如下的内容开始——兰生于深林,无论人知与不知,天生而芳香。然而若非清风吹动,其芳香亦不能到达人的鼻子,并且叙述如下:

> 且道这兰香从甚处来,若道芳香从兰出,无风时又却与萱草不殊。若道香从风生,何故风吹萱草,无香可发。若道鼻根妄想,无兰无风,又妄想不成。若是三和合生,俗气不除。若是非兰非风非鼻,惟心所现,未梦见祖师脚跟,有似恁么,如何得平稳安乐去。❶

兰香从何而来?①如果说只是兰花香,那么无风之时,则无异于普通的无香之草。②如果说只是风香,则风吹普通的草却不会飘香。③如果说只是由于嗅觉的幻想,那么原本若无"兰"与"风",便不会产生幻想。在一一否定"兰""风""嗅觉"三者的个别可能性之后,径直提出④如果说是三者合一也是"俗"。那么如"风幡议论",⑤认为是"心"的现象来解决又如何呢?黄庭坚严厉痛骂,那甚至摸不到祖师脚跟,想得到平稳安乐,无异于痴人说梦。从①②③④⑤各侧面的理解方法都被否定,没有提出任何对"从何处而来"之问的解决方式。最后还说若完全说明此事,又有谁会相信呢?如果这样也不行,只有等待弥勒来生了。事实上,一如佛法真谛并不在如此语言游戏的系统结构中,黄氏如是观照,依法铺陈,亲手建造了一座无法突破的迷宫。如果在此给出了结论,那么读者就会满足于得到了回答,便会停止去探求"香"的本质。故意不给出结论,因而宛如莫比乌斯带般,由于保留回答,思索的可能性便永远持续——不,直到弥勒下生

---

❶ 《黄庭坚全集》,第 962 页。

的龙华会到来。

《幽芳亭记》中，黄庭坚对于"香"的观念被凝缩，升华成一种无解答的哲学。此处作为要素而登场的"香"是"兰"。但是提出的图式本身未必需要限定在"兰"，可以置换读解成其他一切"香"与人之间的关系。在花草与香料等多种多样的香与认识香的人之间的结合这个问题上，形成于如此不可思议、纤细与奥妙的均衡，进而追问其理，也同时具有切开新意识的深层的可能性。因为黄庭坚对香的认识如此，其所作《十八罗汉赞》❶ 之《第八尊者伐阇罗吠多罗》云"百和香中本无我"，叙述调合了诸香料的最上乘之香，故意说"我"的不在。与之相反，如果说把香中"我"提到前面，则有《第一尊者宾度罗跋罗憧阇》云"以我身心五分香，作光明云雨大千"，将自己所悟的身与心作为《坛经·忏悔》所说开悟的"五分香"，变作辉映香烟的云，把甘露之雨降下到三千大千世界。芳香不仅仅是被享受的，同时也化作云雨从"我"向世界发散不已，其思想的幻想之境到何处为止，不得而知。

五、小结———通过嗅觉所认识的艺术价值

黄庭坚所说"香"便是如此，已与其诗心互相交流，同时亦为思索对象。因此，十分自然地，黄氏此概念的"香"可以代表他在其他广泛方面的艺术价值，显示出其独特倾向。北宋时期，来自《楞严经》的所谓"六根互用"———眼耳鼻舌身意的感觉器官在"圆通"情况下是可以相通、相互补充的哲学思想之影响，到处明显可见，例如苏轼诸多以食品味道品评诗歌之语即为其表

❶《黄庭坚全集》，第1387—1388页。

现。❶ 而于黄庭坚，最敏感的感觉则为嗅觉的"香"。

崇宁三年（1104），黄氏晚年在流放宜州的途中，路过衡州花光寺，拜访画墨梅名家花光和尚超然。在此前后作有几首几篇相关的诗文，其中《赠花光仁老》叙述了看墨梅画的感想：

乃知大般若手，能以世间种种之物而作佛事，度诸有情。于此荐得，则一枝一叶，一点一画，皆是老和尚鼻孔。❷

"荐得"是宋代禅宗语录常见的俗语，意为知道、互相了解、认识。出色的禅者，不仅通过所谓修行，而是通过世间万事万物皆可实践佛道，济渡众生。如果得知此事，一幅水墨画中"一枝一叶"的构图，"一点一画"的绘画技法，皆是花光和尚的"鼻孔"。到达艺术水平、审美能力以及佛道修行的诸多要素，被用"鼻孔"一词来代表。此话使人联想到梅花与墨的香气，水墨画所表现的是花光和尚嗅觉所认识的香世界。这样解释，那么所有的艺术价值判断都聚集在嗅觉上了。如此具有特殊含义的"鼻孔"，在评价文学时亦能发挥能量。黄氏在《与洪甥驹父书二首》其二，对编撰《香谱》的洪刍说作诗之法：

大体作省题诗，尤当用老杜句法。若有鼻孔者，便知是好诗也。❸

在客场作诗时，应当用老杜句法，只要是考官具有"鼻孔"，便当然得知其为好诗。识别优秀文学的鉴赏力，精通香的黄庭坚

---

❶ 参照周裕锴《法眼与诗心——宋代佛禅语境下的诗学话语建构》第三编，第一章，第二节"鼻观圆通：闻香如参禅"，中国社会科学出版社，2014年。
❷ 《黄庭坚全集》，第1265页。
❸ 《黄庭坚全集》，第779页。

与洪刍二人的共同认识,照字面来说就是"嗅觉的分辨能力"。也就是说,正确评价文学作品的诗心,与对香的敏锐感觉相类似,黄庭坚将香与文学两者的关系明确结合,这种表现值得关注。如同黄氏一般的由嗅觉出发的文学品第法的思维,在后世常常可见。例如钱谦益《香观说书徐元叹诗后》以及《后香观说书介立旦公诗卷》中叙述为理论化的"香观说",前者假托隐者之言云"夫诗也者,疏瀹神明,洮汰秽浊,天地间之香气也。……吾废目而用鼻,不以视,而以嗅诗之品第,略与香等",❶ 认为诗歌原本是一种香,见解独特。又在《聊斋志异·司文郎》中,从烧文稿的气味即可识别文章的优劣的怪僧出场,可以说是最极端的逸话。虽然很难证明这些例子与黄庭坚有直接的影响关系,但无论如何,这种将文学评价方法付诸嗅觉的独特见解,属于北宋以来"六根互用"的思想范畴。

如上所述,黄庭坚的"香",始于被花香摇动的诗情,最后与艺术的评价相联系。《法华经·法师功德品》中说,受持《法华经》之人,成就"八百鼻功德",可以闻到三千大千世界所有的香,天上之华、地下埋藏的宝藏,以及饰品的价值、佛菩萨所在地等,皆可以闻而识别,可以正确无误地对他人解说这些香的不同。有传说黄庭坚前世是受持《法华经》的女人,❷ 其对于香的敏锐感觉,也类似于前世因缘的天赋本性。可谓万能天才的黄庭坚,所涉足、活跃的领域众多,"香"起到作为贯穿"诗文""禅学""对于花草的喜好""医药"等广阔领域的一根线的作用,可以说是提到黄庭坚时不可或缺的一个关键词。

❶ 钱谦益《牧斋有学集》卷四十八,上海古籍出版社,1996年,第1567页。
❷ 何薳《春渚纪闻》卷一,"坡谷前身"。

黄庭坚与日本香文化

[日]蜂谷宗苾 *

一、香文化：自中国至日本

在历史的长河中，香常伴于人类左右，在当今世界香文化也是随处可见。一般认为，东亚香文化发源于世界性的香料产地——印度。产于此地的香料渗透到生活的各个角落，或是为了防止因天气炎热而产生的异味，或是将其制成香粉、香膏涂抹在身体上。此后，香文化与佛教途经陆路与海上的丝绸之路一起正式传入中国，也因丝绸之路，香料不再仅仅来源于印度，波斯也成为中国香料的来源地。然而，在当时的中国，香料并没有像在印度一般被普通民众运用到日常生活中，而是贵族及统治阶级在上香、重大仪式时使用的贵重物品或是化妆品。中国的这种香文化在距今1400年前，作为宗教仪式（佛教）用香随着大量香木、僧侣、佛典、香炉等渡过茫茫大海传到了日本。其中"沉香"首次出现于

---

* 日本香道志野流第二十一世次家元。

日本是在595年——《日本书纪》中记载沉香漂到了淡路岛,这是日本香文化的开端。这块漂来的木头被岛上的某人当成普通引火的木头,点燃后才惊现这块木头能发出无比沁人心脾的香气,这才慌慌张张扑灭了火拿它献给了朝廷。当时在推古天皇身旁的圣德太子回答到"这是沉香啊"。作为宗教仪式随佛教一同从中国传到日本的香,自此与日本国内其他文化一起走向了独具特色的发展道路。距今1200年前,日本的中心从奈良平城京迁到了京都平安京,而权力的中心也继续由天皇和贵族们承担。他们将宗教仪式中的香引入他们的生活中,使其变成了贵族香文化。香不再仅仅用于供奉神佛,经过调和的香被用到身体衣着上、书信上或是用于房间内的薰香。香将贵族们的生活点缀得更加优雅、多彩。他们从中国进口了大量的香料并且学习中国的阴阳五行等思想、汉诗等古典文学、焚香的动作礼仪等。这是对具有悠久历史的中国的尊敬、憧憬。在此基础上平安贵族将对香的印象与四季景色、有职故实❶等联系起来,写出与其相配的和歌❷来。为了分出优劣而产生"薰物合"❸和"香合"等游戏,在京都广泛流行。根据对自己制作的香的印象用相应的和歌命名可能是检验贵族教养高低的一大重要指标。关于这点可从《源氏物语》和《枕草子》中找到相应记载。

二、日本香文化之"香道"

日本存在许许多多的文化,这样的文化很多都加上"道"字

---

❶ 有关历代朝廷或武士礼式、典故、官职、法令、装束、武具的研究,等等。——译者注

❷ 与汉诗相对而言,到奈良时代前形成的日本固有的诗歌名称。有长歌、短歌、片歌等。后世专指短歌。——译者注

❸ 合在日语中有比赛的意思,这里应为"斗香"之意。——译者注

来形容。例如与香文化相对的香道，与茶文化相对的茶道以及与花文化相对的花道。这些都是距今约500年前诞生于京都的日本独特的文化。在这一时期京都连续11年都处于"应仁之乱"（1467-1478）中，京都被战乱烧成了一片焦土。在此之后，第八代将军足利义政在京都东山建立了"慈照寺银阁"，并广招文人至此地。被称为日本传统文化的"香道""茶道"和"花道"的原点便是由当时分别被招来的志野宗信、村田珠光、池坊专庆创造的。纷繁不止的动乱年代成为一个转折点，给自中国传来的、平安贵族加以升华的香文化带来了重大转变。在此之后开始掌权的武士阶层在战乱中切实感受着生命的无常、自然的莫测，不再像高雅的贵族那样将各种香料调和在一起鉴赏，他们从一整块香木中磨炼自己的内心，从而产生"香道"，这更像是一种精神上的"道"。在这里笔者要强调的是禅的精神与日本武士的生死观以及日本严峻的自然环境（地震、台风、火山、岛国）等密切的联系。在香道的定义中最重要的不单单是闻香、享受香带来的乐趣或是为了其促进健康的效用，还有以日本自古以来的古今和歌集（913）、新古今和歌集（1205）中的和歌，以及《源氏物语》（1005）、《伊势物语》等为题材创造出的组香。❶现在志野流留存着200多种组香，除此之外志野流还有很多以日本文化艺术为主题的内容，如"炷合"❷"作铭香合"以及"名香合"，等等。

三、香道的历史

香道随茶道、花道、能等艺术形式一同诞生于室町时代，最

---

❶ 辨香。日本香道的赏玩四季情趣的游戏。依顺序焚烧各种沉香木，在香席上辨别各种香气的异同。——译者注
❷ 香道中在一枚云母板上放两种以上的香木赏闻其香气的形式。——译者注

初是一部分讲究排场的大名武将穷尽奢华的一种艺道。其中香道浓缩了这些中世艺道的精华，将当时十分稀少的东南亚产的天然香木以通澈极致的感性予以辨别，构筑了自己独特的世界。志野宗信作为东山文化的引领者足利义政的心腹将香道体系化，自此以后，志野流将自香道发源时起的历史和传统，以父传子的形式守候其发展，历经 500 多年，是唯一一种未曾中断、传承下来的艺道。至今，已是第 20 代家元❶了。在江户时代，贵族、僧侣、武士、工商业者甚至一部分农民都成了志野流的门下弟子，志野流也因此得到壮大。在近几年的"香文化热潮"中，香道作为高雅的传统文化再次被重新评判其价值。如今，志野流以家元松隐轩（名古屋）为中心在全国 200 多个地方开设了教场。不仅国内硕果累累，在美国波士顿也设立了教场，向世界普及、发展日本的香文化。

四、所谓香道

香道是鉴赏天然沉香木之香气的艺道。香木仅在东南亚生产。因细菌导致腐朽的树木，它的树脂在其埋于土壤时沉积到木质内部历经几十年后得以成熟，加热后会散发出香气。香道注重禅的精神，礼仪作法与举止动作有诸多规定、约束。随着学习深度的加强，还要要求学习者具备古典文学及书道的涵养。然而，香道的原点还在于享受香木散发出的香气。在香炉的炉灰中加入香炭团，再放上一枚叫做银叶的云母板。在云母板变热后，放一小片香木于其上，不久后便会散发出朦胧的香气。香道的作法中每一步都有其意义，没有一处动作是无用的。通过焚烧贵重的天然香木，进而掌握优美又理想化的动作举止也是香道的一大魅力。

❶ 在武道或艺道中，具备作为其流派正统的权威，继承并保持其祖传技艺的人，相当于中文的掌门人。——译者注

五、香道的精神

香道是一种精神性的艺术。它需要通透感性，将其发挥到极致，然后毫无杂念地将内心寄托到若有似无的香气中。在现代生活中，嗅觉作为生活中必要的五种感官之一越来越不被重视。我们在日常的香道练习中需要辨别各种各样的香气，又或者执着于一种香气，反复品闻，从而产生一种新的感受，最终创造出只属于自己的印象世界。在香道中"闻香"一词十分讲究，在日语中，"闻"是倾听的意思。香木是活物，每一块都寄宿着灵魂，我们要对这些稀有的天然香木怀有敬畏之情，去珍视它们。感恩大自然的恩惠，感谢地球，然后仔细聆听这些香木要跟我们诉说的故事。

六、黄庭坚与日本香文化

中国北宋（960-1127）诗人黄庭坚（1045-1105）字鲁直，号山谷道人、晚号涪翁，又称黄山谷，是著名的书法家、诗人、文学家。在宋代诗人中与苏轼、陆游齐名，在书法界与苏轼、米芾、蔡襄并称为宋四家。黄庭坚被誉为"诗书画三绝"，与他的老师苏轼齐名，世称"苏黄"。其后人中有位清代诗人叫黄景仁为后人熟知。黄庭坚的诗中出现了"香十德"。在我们这些香人之间，除了重视平安贵族的和歌之外，也把习得中国的诗词看作香人重要的素养。在香道的世界中，经常将黄庭坚香十德的字句挂在壁龛❶上，细细体会其精神。据说从中国传来日本的香十德，之后经由一休禅师传遍日本。

---

❶ 设于日式房间上座背后，比地面高出一阶，可挂条幅、放置摆设、装饰花卉的地方。在茶道及香道中壁龛是茶室或香室里最神圣的地方。——译者注

香十德

一、感格鬼神　　让感官通透

二、清净身心　　净化身心

三、能除污秽　　去除污秽

四、能觉睡眠　　唤醒睡眠

五、静中成友　　治愈孤独

六、尘里偷闲　　在忙碌的尘世里让心得到安宁

七、多而不厌　　量多却不会厌烦

八、寡而为足　　量少其香气也足矣

九、久藏不朽　　可以永久保存

十、常用无障　　经常使用也无害处

香志·黄圣篇庭坚

闻香悟道——海南沉香雕刻作品"木樨松风终趣禅"创作历程

韩智华

缘起

2016年初秋，北京已寒气袭来，某日受茂名沉香协会会长谢福友之约，一同到南二环边上不太显眼的小楼拜访中国香文化研究中心主任孙亮先生。谢会长是我多年好友，出生广东沉香世家，见多识广，藏有好香，研讨沉香用力至勤至深，在沉香品鉴上有过人能力。孙主任中等身材，目光炯炯有神，说话干练爽快，对香文化研究有极深造诣，同时对传承中国传统香文化也有很多睿智想法和激情。为更有效宣传香文化，要推出北宋大文豪黄庭坚为"香圣"，婉婉道其理由和依据，专业自信，让人起敬。品茗焚香谈香文化之余，讲到黄庭坚的一个"闻香悟道"禅宗公案，想委托以此为题材雕刻一块沉香。他从一个古朴小木盒中拿出包裹严实的老沉香递给我，这是一块近二十克重的沉水海南沉香，馥馥芬芬，香气袭人，过手留香。此香乌黑沉重厚实，干净而有光泽，形状呈不规则三角形，结香特征明显而特别，从腐烂处形状及结香延伸状态看，按当今采香人之说为"包头"与"树芯油"结合体，极为罕见，其香贵重。在长达6个多小时酣畅淋漓的交流后，我欣然接受托付，受人之托，终人之事，开始长达半年艰难而有趣的创作。

海南沉香自古就难得而名贵

海南沉香是名贵的香料和中药材，为瑞香科植物白木香含树脂的木材。实际上，沉香的"香"是一种防御武器，只有在树干或根受到物理伤害产生创口后再被微生物入侵时才会分泌，外观是黑色或黄褐色的油脂，内含白木香醛、愈创醇等芳香物，主要由倍半萜和色酮两大小分子共同组成沉香非常复杂的香韵。这些芳香油脂主要存在于韧皮部中。沉香属植物的韧皮部特别，不像大多数木本植物一样分布在木质部外围，而是像小岛一样散布在木质部中央，植物学上叫作内涵韧皮部，在解剖镜和显微镜下能够看到和木射线方向垂直的一个个小横条。沉香树本身木质十分轻软，密

海南金丝结紫油奇楠10倍放大细图
（中国香文化研究中心藏香）

度极低。只有含油脂量高到一定程度才能沉入水中，含油量特别高的上等海南沉香也称作"土伽南"或"土奇楠"。

苏轼作《沉香山子赋》赞美海南沉香"既金坚而玉润，亦鹤骨而龙筋。惟膏液之内足，故把握而兼斤。……无一往之发烈，有无穷之氤氲"，成为千古绝唱。蔡絛著《铁围山丛谈》首次提出海南沉香"是为冠绝天下之香""一星直一万"，从此海南沉香"冠绝天下，一片万钱"流传至今。明代医学家李时珍在《本草纲目》中，广引蔡絛佳句，为海南沉香的美誉度一锤定音："占城（越南）不若真腊（柬埔寨），真腊不若海南黎峒。黎峒又以万安黎母山东峒者，冠绝天下，谓之海南沉，一片万钱。"对海南沉香稀有贵重表述除此外，还有《陈氏香谱》"有香者百无一二""故直常倍于真腊所产者"；《舆地纪胜》"一两之值与百金等"；《天香传》"此香宝也，千百一而已矣"；《桂海虞衡志》"得沉水十不一二"；《岭外代答》"香价与白金等，故客不贩，而宦游者亦不能多买"。

海南沉香香性空灵悠远，通天彻地；婉而清、甘而醇、宽而明、和而正、寂而静。因结香之玄妙，采香之坚难，香气之清雅，稀有之珍贵，自古至今不知多少文人墨客、皇室贵胄、巨贾富商、名寺高僧为之倾倒，海南沉香之香气，人闻人爱，喻为"大众情人"。和很多资源植物一样，受人类欢迎并没有给沉香带来好运，由于过度利用，它们的生存受到严重威胁。目前，在我国广东、海南等传统产地，天然沉香树已经所剩无几，已被列为国家二级重点保护野生植物。

黄庭坚钟情海南沉香

黄庭坚画像

黄庭坚（1045—1105）一生酷爱香，其《贾天锡惠宝薰乞诗作诗报之》云："贾侯怀六韬，家有十二戟。天资喜文事，如我有香癖。"以"香癖"自称。徽宗崇宁三年（1104）黄庭坚在广西宜州，朋友知其爱香，或寄或送香来，《宜州乙酉家乘》记载："二月七日李仲牖书，寄婆娄香四两。同月十八日唐叟元寄书并送崖香八两。七月二十三日前日黄微仲送沉香数块，殊佳。"自从北宋初年丁谓（966-1037）因流放海南岛而写下《天香传》，建立海南岛产沉香在嗅觉审美上的价值，提出"清远深长"的气味品评标准，以及老师苏东坡钟情海南沉香，相对地影响黄庭坚对于海南沉香独特喜好，其所创制或喜爱的香方，都使用海南沉香。一如周去非论述沉水香时便说："山谷香方率用海南沉香，盖识之耳。"陈敬《陈氏香谱》收录众多香方，汇集其中与黄庭坚有关最为著名之四帖香方，称为"黄太史四香"：意和香、意可香、深静香、小宗香，此四香皆非黄庭坚所创但在其作品中有记录，四香因黄庭坚而名显，四香香方"君"料都用海南沉香，黄庭坚药方帖"婴香"和《居家必用事类全集》记载黄鲁直方"藏春返魂梅"用海南产品质较好的"角沉"。哲宗元佑元年（1086）时黄庭坚在秘书省，贾天锡以"意和香"换得黄庭坚作小诗十首，黄庭坚犹恨诗语未工，未能尽誉此香，甚至"甚宝此香，未尝妄以与人"，显示对此香的珍爱。黄庭坚对于气味品评，最精妙，其"跋自书所为香后事"论"意和香"曰："贾天锡宣事作意和香，清丽闲远，自然有富贵气。"又评欧阳元老之"深静香"曰："此香恬澹寂寞，非世所尚。"富贵清丽与恬澹寂寞正好是代表俗世所爱与寒士清薄的两种境界。

黄庭坚在黄龙晦堂处的"闻香悟道"禅宗公案

"公案"起源于唐末，兴盛于五代和两宋。据计算，禅宗的公案大约有一千七百余则。通常所用也不过四五百则左右。公案的内容大都与实际的禅修生活密切相关。禅师在示法时，或用问答，或用动作，或二者兼用，来启迪众徒，以使顿悟。这些内容被记录下来，便是禅宗公案。

孙亮于2014年10月在墨尔本艺术节上展演中国香道

修水县黄庭坚纪念馆黄庭坚画像

宋代杭州灵隐寺僧普济，取《景德传灯录》《天圣广灯录》《建中靖国续灯录》《联灯会要》及《嘉泰普灯录》等五种佛教灯录，删除重复，叙录简要而辑成《五灯会元》。"一灯能除千年暗，一智能灭万年愚"。禅宗常常以灯比喻佛法禅旨和智慧。传灯意味着传法，灯灯相传，光明不断。五灯即五家的灯录。《五灯会元》的意思是将五家的灯录会集在一起的禅宗经典。全书按五家七宗禅分卷叙述，禅门分派源流了然，堪称禅宗集大成的著作。卷第十七有"太史黄庭坚居士"分灯录记载黄庭坚一次重要的证悟机缘，在黄龙晦堂处的"闻香悟道"。黄庭坚为求法曾随侍于黄龙祖心禅师，祈求方便之门，黄龙禅师因机施教而有下面公案：

往依晦堂，乞指径捷处。堂曰："只如仲尼道，二三子以我为隐乎？吾无隐乎尔者。太史居常如何理论。"公拟对，堂曰："不是！不是！"公迷闷不已。一日侍堂山行次，时岩桂盛放，堂曰："闻木犀华香么？"公曰："闻。"堂曰："吾无隐乎尔。"公释然，即拜之曰："和尚得怎么老婆心切。"堂笑曰："只要公到家耳。"

这个公案故事是说黄庭坚跟随晦堂禅师，求他指点悟道的捷径。晦堂禅师道："就像孔子说的，你们认为我有所隐瞒吗？我是毫无隐瞒的。你日常如何认识？"庭坚打算回答，晦堂道："不是！不是！"庭坚迷惑烦闷不已。一天，庭坚陪侍晦堂禅师游山，当时岩上桂花盛开，晦堂禅师问："闻到木樨花香了吗？"黄庭坚答道，"闻到了"，晦堂禅师道："我毫无隐瞒吧。" 黄庭坚迷闷顿消，便行礼拜谢道："和尚竟如此苦口婆心。"晦堂禅师笑道："只是要先生禅学到家罢了。"

　　黄龙祖心禅师可能因黄庭坚乃当时名闻遐迩之士大夫，故特拈出一句孔子与弟子的著名对话开示，而且正合佛家参究的话头。子贡曾说过："夫子之文章可得而闻与，夫子之性与天道不可得而闻与。"而孔子后来又说过，我平常天天和你们在一起，并没有跟你们隐瞒过什么！这句话虽然是孔子之言，其实深合禅机，祖心晦堂拈出此语，足见黄龙祖心禅师是禅门大家。黄庭坚闻听此话正要拟思应对，黄龙禅师马上否定，截断了他的日常性或逻辑化的思维，使黄庭坚疑情陡起，回念盘旋。直到一天，二人同游，闻木樨花香，黄庭坚洞然有省，知黄龙晦堂所言之内在，那天的"不是"才是今天的"正是"，身心上闻道可不是言说或解悟上的知解。相传，自此，黄庭坚参悟了禅机，找到了心性的本源，后来在诗词以及书法方面取得极大的成就。黄庭坚在其诗文书法之外禅修造诣也耸动士林，其名字被普济列在南岳十三世黄龙祖心禅师的法嗣中，作为居士分灯之一，实属不易。从黄庭坚分灯录看其内容亦较详，从中即可大体管窥黄庭坚参禅发慧于法秀，得道于祖心，成道于死心，有一个明确连续的参悟历程。大道为何？拟思则被痛批！闻木樨花香，则知如是如是！不过如此！但是，如是如是，也就是一个省觉。

修水县黄庭坚纪念馆黄庭坚画像

对沉香雕刻及价值的认识

由于沉香的特殊性和它的珍贵稀有性，以及能做救命的药物，是最值得收藏的宝物之一，沉香的收藏不论古今都是一种时尚，收藏上等沉香，是极好的保值增值方法，其中收藏稀有品种、雕刻品及天然奇形沉香，最为常见。沉香用作雕刻材料从古籍记载在西汉成帝时期就有，其历史已有二千多年。盛行于明清，流传至今最为有名的是藏于台北故宫博物院的清代乾隆沉香木雕刻作品《香山九老》摆件。

沉香雕刻艺术品因不断的快速增值，已成为收藏家和投资者争相追捧的宠物。将沉香雕刻品放到整个艺术市场环境中，是十分有潜力的。理由是：（1）沉香成材时间漫长，熟香动辄上百年，几代人才能得，物希则贵。（2）沉香本身香味药用具有极强的魅力。（3）品鉴沉香增长文化知识，提高境界和品味，增加修养。（4）文人参与增加其美感和文化内涵，市场价值也会有提高。（5）沉香雕刻品可传承更长时间。

沉香雕刻品价值包括：（1）原料价值（包含稀有性、可工艺性、产地特性和大小重量及沉水）；（2）艺术价值（题材、风格、独创性等审美价值）；（3）人文价值（表现的文化精神、趣味、格调和情怀）；（4）历史价值（特定历史时期的文化承载）；（5）市场价值（供需、消费风气、创作者地位名气和参照类市场价格影响），此会有商业化运作投机性存在。

沉香材质软硬程度不比紫檀、花梨、黄杨木等硬木稳定，有软硬交替风险，施刀雕刻需极小心。但沉香雕刻难的不在刀上，而在雕刻题材的选定，即在什么样的沉香上表达什么样的香意境。沉香雕刻我坚持按理性、秩序、和谐、内敛四原则，追求"心入刀中，刀入香中，香入人心"境界。因形造境，无美不出；轻而不浅，晦而不涩；且实且虚，悠远恬淡；旷古超然，脱俗朴素，清越高洁。雕刻内容与沉香完美融和表达出独具的香意象，清幽禅深，给人无限的惬思而内心却充满宁静。

海南沉香香气清远悠长，宋人称其为天香，不知迷倒了多少文人雅士。天香还需配国色，沉香原料单调，美感毫无，经过艺人将他的思想、意识、审美价值通过精雕细琢表达到沉香中，赋予它艺术生命，让它成为有灵魂的立体画，沉香仙气中有了灵气正气，已不再是一个躯壳，魂体相依，完美无瑕，任时光流转，其魂依

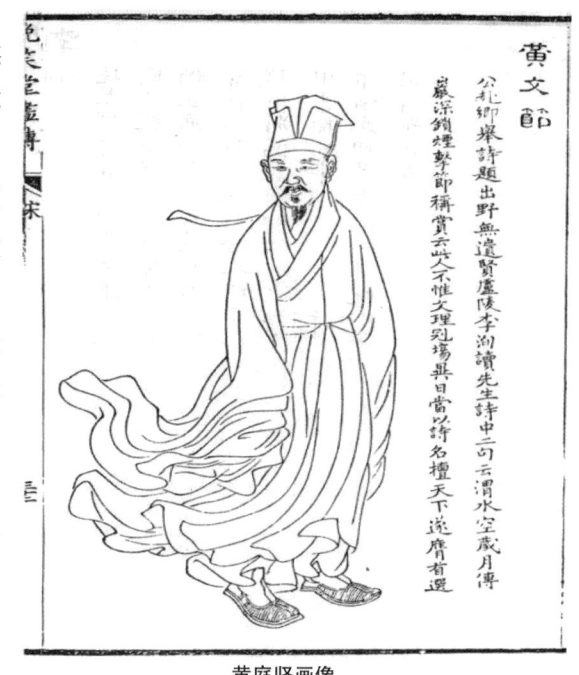

黄庭坚画像

香志·众圣赞庭坚

旧,其香如故,体魄世代长存。沉香雕刻变成精美的艺术品增加了视觉享受,沉香的香性和香意境和谐共鸣,有禅意有思想有文化内涵有追求的题材都能和沉香相映成趣,百看不厌。魂归沉香,国色天香,生意远出,神气内涵,如美丽动人的少女般,一见叹绝,如获至宝般,爱不释手,其温婉更比西子,美艳媲如貂蝉。

收集资料构思意象

黄庭坚字鲁直,号山谷道人,宋代洪州分宁(今属江西省修水县)人,北宋著名诗人和大书法家。"山谷"之名号一说是因为游山谷寺而得,一说为喜好山谷林泉而自取。又黄龙晦堂处的"闻香悟道"禅宗公案故事中"时岩桂盛放"。据此构整图为岩石山谷配流泉。

公案中另一主物就是桂花树,桂花树又名木樨,常绿阔叶乔木,枝繁叶茂,叶片椭圆形,聚伞花朵花序簇生于叶腋,或近于帚状,每腋内有花多朵,花朵及花梗形细小。基于这些特征和木雕技巧,设计山谷中岩石旁雕一棵桂花树,桂花因形小不好表达

双井村明月湾全景

而忽略掉，将此树放画面中取其意象。同时在另一边雕刻两棵易于木刻表达的苍劲古松树活跃山谷气氛，并取意松之风骨。台北故宫博物院收藏有黄庭坚最负盛名的七言诗行书精品《武昌松风阁》诗帖，"老松魁梧数百年，斧斤所赦今参天"。宋徽宗崇宁元年（1102）九月，黄庭坚与朋友游鄂城西山灵泉寺附近樊山，途经松林间一座亭阁，在此过夜，听松涛而成韵。黄庭坚还常以"阅世卧云壑"的老松自嘲，可见其对松的喜爱，在构图中老松树表达出黄庭坚与松的亲密关系。

黄庭坚人物形象如何？"书之流传者常充栋宇、汗马牛，而图之流传者何寥寥不一二见也"。《历代古人像赞》刊于明弘治十一年（1498），是现今所见刊刻时间最早的版画人物肖像画集，台北故宫博物院有收藏。书中收录自伏羲氏至黄庭坚共88幅人物画像，图均为半身像，每图右上角题人物姓名，左上角题赞辞，文字均为行楷。不著绘者姓名，由明朝宗室朱天然撰写赞辞。

江西省吉安市泰和城区东侧的泰和中学校园内始建于唐代乾符元年（874）全国闻名的古阁楼建筑快阁，黄庭坚任泰和知具时，

香志·东坡黄庭坚

2016年于黄龙宗祖庭黄龙禅寺出土的黄庭坚自画像石碑

宋代李公麟乘兴之作"西园雅集卷"以写实的方式描绘了李公麟与众多文人雅士,包括苏东坡、黄庭坚、米芾、蔡襄、秦观等名流,在驸马都尉王诜府中作客聚会的情景。局部图

也常登阁游憩,并于元丰五年(1082)赋诗一首:"痴儿了却公家事,快阁东西倚晚晴。落木千山天远大,澄江一道月分明。朱弦已为佳人绝,青眼聊因美酒横。万里归船弄长笛,此心吾与白鸥盟。"这就是脍炙人口的《登快阁》诗。阁厅正面墙上嵌有黄庭坚石刻画像及黄庭坚自题像赞:"似僧有发,似俗有尘;作梦中梦,见身外身。"

综上可看到黄庭坚面部主要特征为:国脸招风耳,倒八浓眉,八字胡山羊须,凤眼宽高鼻,以此为据设计黄庭坚形象。衣物为宋代官服制度的常服,曲领大袖,下裾加横襕,腰间束以革带,头戴向上卷起的卷脚幞头,脚登革履。

最终确定构图为:首先整体为山水人物图,大背景为山石,按"大山水小人物"及远近原则确定构图比例。其次依据沉香材料形状和厚度选定山水人物位置,中间稍凹就定为山谷流泉,左边刀痕下方刻坐态人物露右手脚目光向右,人的背后刻高于头部的桂花树,左边刻两棵错落开的古松树。再次确定沉香材料腐烂面基本不做雕刻,只做简单清理,保留结香原态特征,上部为协调正面稍刻石状。再其次因材料较小便于作配饰挂件,在顶端石缝处镂空一小洞作穿绳之用。最后左侧落款,阴刻一片叶子,叶的经络为篆书体华字。

一切了于心中,开始精雕细刻,完全手工清刀,刀刀飘香,满室芬芳弥久不散,历经半月完成已是春暖花开之时。只见黄山谷着冠常服,据矶石横策而坐,背后岩石桂花树,眼前是大石累累的山谷,谷侧陡岩直立,谷中流水潺潺,古松参天蔽日,山谷道人微闭双眼若有所思,"听泉""观松",感受着大自然的气息,

沉香雕刻创作过程正反面对比图

我闻到了桂花香吗？谁能闻到桂花香？

　　古代文人高士追求优雅闲适的生活艺术之风兴起于魏晋，如七贤之于竹林，谢安之于东山，王羲之之于兰亭，葛洪之于罗浮，王徽之之于竹，陶渊明之于菊，莫不成为千古佳话。此后，如王维之于辋川，柳宗元之于愚溪，李白之于酒，卢仝之于茶，林逋之于梅，米芾之于石，周敦颐之于莲，亦自风流潇洒，奕世流芳。如是，今天增加一个黄庭坚之于香，闻香悟道，给世人禅修点盏灯。

在2017年"文化与自然遗产日"上中国香文化研究中心"和香制作技艺"成为北京市石景山区区级非物质文化遗产代表性项目(左三为代表性传承人孙亮)

婴香漫谈

吴晓锋

宋代是一个香文化空前繁荣的时代，发达的海外贸易和社会各阶层对香料的需求促使外国商贾将大量品目繁杂的香料贩运至中国，充足的原材料供给和旺盛的市场需求极大地促进了香品的创新和生产。婴香即为当时香品的代表作之一，其香清洌馥芬，沁人心脾，一经面世即为道家所重，亦为文人所珍，流传极广。本文拟从香名的来历及性质、香方的溯源及制作三部分对婴香这一香品进行简单阐述。

一、婴香的来历及性质

"婴香"，其名出自道教经典《真诰·运象篇》，其方出自武冈公库《香谱》，始载于《陈氏香谱》第二卷"婴香"条，别名"赏值香""真诰婴香"或"道家婴香"。

"婴香"二字出自《真诰·运象篇》："神女及侍者，颜容莹朗，鲜彻如玉，五香馥芬，如烧香婴气者也。"陶弘景小字注曰："香婴者，婴香也，出外国。"《真诰》为道家上清派经典，南朝陶弘景所著，是现存可考"婴香"这一名称的最早出处，从原文看，婴香当指外国的某种香料，焚烧产生的香气与神女及侍者身边的香气接近，而后人所谓"婴香"仅仅是出于假托古事而已。

《陈氏香谱》为宋人陈敬编次，编者仕履未详，该书汇集洪、颜、沈、叶等诸家香谱，按书中记载，婴香方原出武冈公库《香谱》。武冈公库治在武冈县（今湖南武冈市），宋代的公库及其附属机构归地方长官支配，主要职能之一是用于招待来往官吏，故这类以各地公库命名的香谱收录的香方不管从选料还是从修治上往往都比较考究，其性质属于官府用香。

此外，按《香谱拾遗》的记载："昔沈推官自岭南押香药纲，覆舟于江上，几坏官香之半，因刮治脱落之余，合为此香而鬻于京师，豪官大族争市之，遂赏值而归，故又名曰：赏值香。"这段文字不仅明确说明了婴香别名"赏值香"的经过和由来，而且可以从这段文字的描述中推断出以下三点：首先制作婴香这一香品所需的香材均来自"岭南"，岭南指中国南岭之南的地区，相当于现在两广及海南全境，这一地区不仅是我国绝大多数本土香料的原产地，还是外国香料进入我国的港口和贸易市场所在；其次文中提到了"京师"，京师指汴梁（今河南开封市），是北宋王朝的都城所在，故婴香这一香品在宋朝宗室南迁之前就已流行于世，婴香香方的成方时间当在公元1127年以前；最后该香品价格昂贵，非庶民可赏玩之物，主要消费群体为"豪官大族"，这点也是婴香为官府用香的一个佐证。

"真诰婴香"之名出自宋人晁公武所著《郡斋读书志》第十四卷："《香谱》一卷，右皇朝洪刍驹

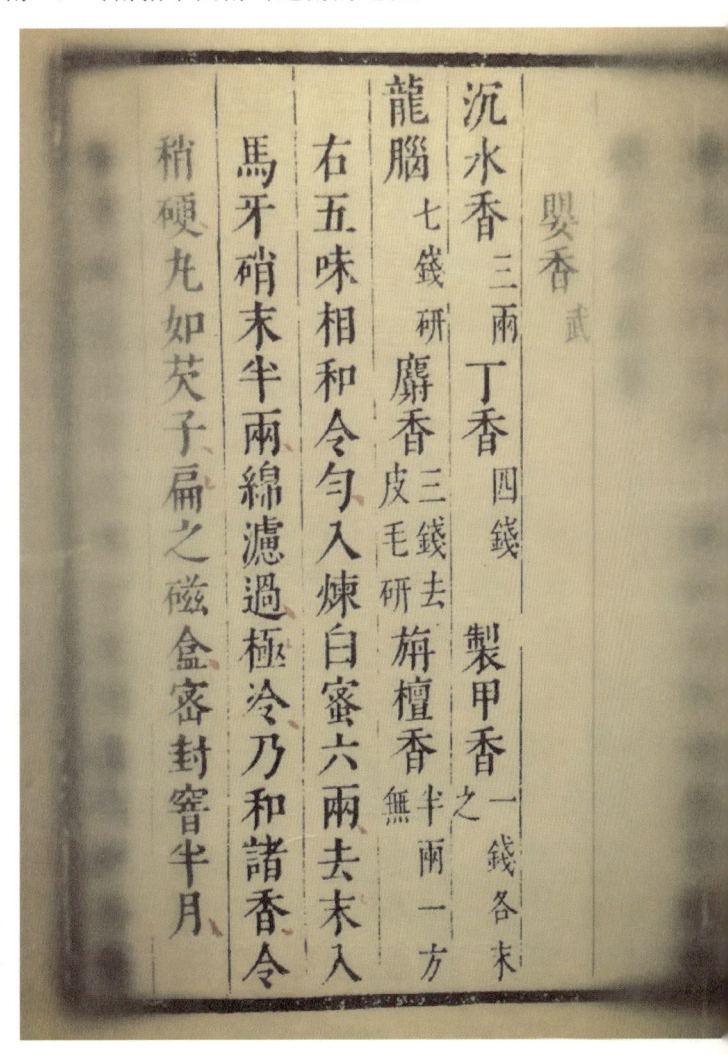

父撰。集古今香法,有郑康成汉宫香、《南史》小宗香、《真诰》婴香、戚夫人迫驾香、唐员半千香,所记甚该博,然《通典》载历代祀天用水沉香独遗之,何哉?""婴香"二字源于《真诰》,故称婴香为"真诰婴香"本为理所当然之事,甚或张邦基在其著作《墨庄漫录》中称婴香为"道家婴香"亦无可厚非,以上种种名称无一不在昭示着婴香与道家的紧密联系。实际上,婴香在宋代被视为道家香法代表,有道教专用香的性质。

最后,我们在现存的宋代文物中可以找到宋人黄庭坚手书的《药方帖》册页一帧,其所书内容即为"婴香",又称之为《制婴香方》《婴香帖》。关于《药方帖》,前人已做了深入的研究,本文不再赘述。可以肯定的是,这位自称有"香癖"的诗人、文学家及书法家无疑赋予了"婴香"文人用香这一性质。

综上,婴香的名称源于道教经典,婴香方成方于南宋以前,有道教用香、官府用香及文人用香三重性质。

二、婴香香方溯源

《洪氏香谱》,一般认为是宋人洪刍所著,但前文提到的《郡斋读书志》中对洪刍所著《香谱》内容的描述与现今《洪氏香谱》内容有别,且各种流传版本的《洪氏香谱》对作者的著录也不同,尤其是《洪氏香谱》中的香方大量以"牙""帐"这类和军旅生活息息相关的用词进行命名,再加上香方中大得超乎寻常的麝香用量,以上种种异常表明《洪氏香谱》的作者应该生活在那个以武立国,随处可见军旗牙帐的时代,明人陶宗仪明确指出《洪氏香谱》为唐人所撰,实乃真知灼见。无论著者是谁,可以肯定的是《洪氏香谱》是目前现存最早的香药谱录类著作,后世的香方也大多以洪氏《香谱》十九方为蓝本进行加减化裁,婴香也不例外。

根据《陈氏香谱》的记载,婴香方由沉水香三两、丁香四钱、制甲香一钱、龙脑七钱、麝香三钱、旃檀香半两(一方无)组成,制法为:"上五味相和令匀,入炼白蜜六两,去沫,入马牙硝末半两,绵滤过,极冷乃和,诸香丸如芡子,匳之,入磁盒密封,窨半月。"

黄庭坚《婴香贴》中婴香方由角沉三两、丁香四钱、龙脑七钱、麝香三钱、治甲香一钱组成,制法为"研匀,入牙消半两,再研匀,入炼蜜六两,和匀,荫一月取出,丸做鸡头大,略记得如此,俟检得册子,或不同,别录去"。

从香方组成上看,当时以"婴香"命名的香方共有两张,区别在于檀香的有无,其余香药的种类和剂量均一致。这种以沉檀龙麝为基本香骨,丁香、甲香为修饰辅佐的香方结构在《洪氏香谱》诸方中非常常见,例如蜀王薰御衣法由丁香、馣香、沉香、檀香各一两,甲香三两组成;雍文彻郎中牙香法由沉香、檀香、甲香、馣香、黄熟香各一两,脑麝各半两组成,婴香与以上二方结构类似,

可视为二者合方的化裁。

故婴香方当源于《洪氏香谱》蜀王及雍文二方。

三、婴香的选材及制作

1. 选材

前文已提到制作婴香这一香品所需的香材源于岭南地区，包括我国土产及外来进口者，其中，属于我国土产者有沉香、甲香及麝香。

沉香当尊黄庭坚法选用角沉，据寇宗奭《本草衍义》记载："沉香，岭南诸郡悉有之，旁海诸州尤多。今南恩、高、窦等州，惟产生结香。沉之良者，惟在琼崖等州，俗谓之角沉。"琼崖等州即今海南地区，故沉香当用海南沉水中取其性味清远深长者为

佳,柬埔寨及我国香港地区所产者亦可用。麝香以产自我国的马麝麝香品质最为优良,喜马拉雅麝、林麝所产麝香亦为佳品,总体以香囊外皮革化,香仁无骚烈之气为上品。甲香沿海地区均产,取管角螺掩厣中大者为好。

在宋代檀香、丁香及龙脑三味均进口自国外,其中檀香以印度南部所产最为道地,东加、斐济所产亦别有韵味,取树龄二十年以上根心料陈化数年至气味温润圆满后为上品;丁香及龙脑均产自印度尼西亚,丁香我国也有引种,品质亦属上乘,取当年新产者。龙脑以印度尼西亚巴东龙脑为上,湖南新晃龙脑略逊。

辅料中蜂蜜用东方蜜蜂所产冬蜜,马牙硝选用晶体完整无风化及杂质者。

以上六种香材和两种辅料除甲香及蜂蜜外均无须做过多处理,甲香的炮制以黄庭坚法最为完备,其法:"磨去龃龉,以胡

麻膏熬之，色正黄，则以蜜汤遽洗无膏气。"这种方法可以将甲香中的蛋白成分破坏殆尽，炮制后的甲香焚烧时几乎无臭。炼蜜尊古法以先蒸后煨，去尽水汽且无焦糖气为度。

2. 制作流程

在合香实践中有一个有趣现象，即使是用相同的材料去合同一张香方，不同的人做出的香品其香味也会有差异，从这个角度来看，香谱类的书籍中记载的香方并不完善，这些香方仅仅记录了完整的方剂，关于制法却一笔略过，对于法度却只字未提。《陈氏香谱》云："合香之法，贵于使众香咸为一体。"基于这一总原则，笔者认为婴香这一香品的制作应当以下步骤作为参考。

首先，麝香加入龙脑及甲香细末同研。甲香及麝香均为聚香之品，二者同用属于相须配伍，龙脑能压制麝香的腥骚之气，二者香性相畏，三者同用则相辅相成自成一体。且"麝滋而散"单研易结块,加入龙脑及甲香细末一同研磨可得到粉状物,方便下面步骤的进行。其次,将上述混合物在炼蜜尚温时加入,并均匀搅拌,以出尽氨味为度,密封七日。复次,檀香与丁香、沉香均匀混合后粉碎。再次,七日后,将马牙硝研碎,依次将檀香、丁香、沉香混合物及一半的马牙硝粉加入炼蜜混合物中。入臼中,捣千杵取出,制为芡实米大小的香丸,用另一半马牙硝包衣。最后,密封并窖藏一个月。

  这种做法的优点在于窖藏之前所有香材就已经经过预陈化,通过半成品就可以大致预判整体香气的优劣,还可以检查麝香是否还散发出浓烈的异味以及有无单味香材夺味等失误,并针对相应的问题做出细微的调整,使合香的成功率更高,和香香品的品质更佳。

  婴香仅仅是宋代和香的代表作之一,历代香谱中尚有佳作未被复刻,因此本文希望能够起到抛砖引玉的作用,错误之处不免见笑于大方之家,亟盼斧正。

20世纪80年代海南树芯材黄油奇楠

《制婴香方帖》赏析

龙 文

释文：

婴香，角沉三两末之，丁香四钱末之，龙脑七钱别研，麝香三钱别研，治弓甲香一钱末之，右都研匀。入牙消半两，再研匀。入炼蜜六两，和匀。荫一月取出，丸作鸡头大。略记得如此，候检得册子，或不同，别录去。

赏析：

《制婴香方帖》亦称《药方》，行草书，纸本，凡9行，81字。无书写时间，从笔法、书风判断，应是早年所书，大约书于1086—1093元祐年间。钤有"安氏仪周书画之章"等印记。《装余偶记》《石渠宝笈续编》等著录。黄庭坚是书法大家，他晚年回顾自己的创作历程时说："余学草书三十余年，初以周越为师，故二十年抖擞俗气不脱。晚得苏才翁子美书，观之，乃得古人笔意。其后又得张长史、僧怀素、高闲墨迹，乃窥笔法之妙。今来年老懒作此书，如老病人扶杖，随意倾倒，不复能工，顾异于今人书者，不纽提容止，强作态度耳。"[1]山谷作书自己最得意者为草书，

---

[1] 黄庭坚：《书草老杜诗后与黄斌老》，载于《四库全书·山谷外集》。

婴香

角沈三兩末之、丁香四錢末之
龍腦七錢別研 麝香三錢別研
涔芩甲書壹兩末之 錢牙半
方寡研匀入麝溏兩再研匀入
煉蜜四兩和匀蔭一月取出丸
作雞頭大

照記自此依拾自册子丞

黃庭堅《制嬰香方帖》行草,紙本。縱28.7厘米,橫37.7厘米。台北故宮博物院藏他曾在《琴师元公此君轩诗》后自跋云："余既追韵作此诗寄周彦，周彦抄本送元师，元师得余手墨，因为作草书。近时士大夫罕得古法，但弄笔左右缠绕，遂号为草书尔，不知与科斗、篆、隶同法同意，数百年来，惟张长史、永州狂僧怀素及余三人悟此法耳，苏才翁有悟处而不能尽其宗趣，其余碌碌尔。"

黄庭坚在元符年间所作的《李致尧乞书书卷后》有如下文字评价自己的书法："凡书要拙多于巧，近世少年作字，如新妇子妆梳，百种点缀，终无烈妇态也。如此草字，他日上天玉楼中乃可再得耳。书意与笔，皆非人间轨辙，所谓无智人前莫说打你头破百裂者也。书尾小字，唯余与永州醉僧能之，若亚栖辈，见当羞死。元符三年二月己酉夜，沐浴罢，连引数杯，为成都李致尧作行，耳热眼花，忽然龙蛇入笔，学书四十年，今名谓鳌山悟道书也。"山谷用此语，谓自己学书四十年，今已大彻大悟也！此卷作品虽今已不存，但这几段话则是最显春风得意的。"永州醉僧"即怀素；亚栖为唐代僧人，书学张旭；鳌山在湖南常德，相传有僧人宣鉴、义存、文邃三人同游此而悟道，人谓为"鳌山悟道"。我们从现今存世的《花气熏人帖》也可一窥山谷晚年草书的风采。

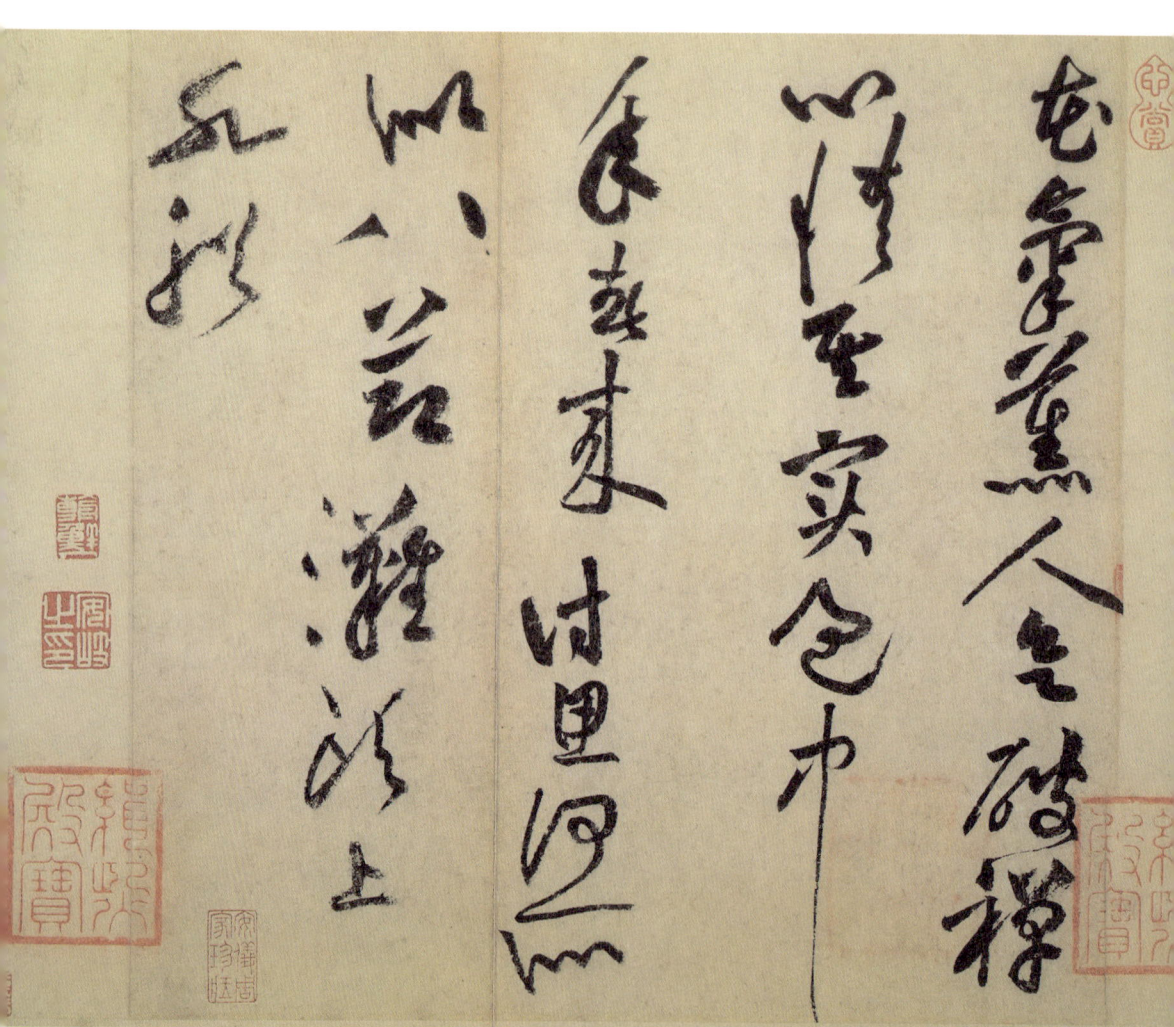

黄庭坚《花气熏人帖》草书，纸本，宋四家墨宝册第九幅。纵 30.7 厘米，横 43.2 厘米。台北故宫博物院藏

《花气薰人帖》赏析

龙 文

释文：

花气薰人欲破禅，心情其实过中年。春来诗思何所似，八节滩头上水船。

赏析：

帖上有南宋"缉熙殿宝"印，入过南宋内府。也有清代著名的大收藏家安仪周的收藏印"安歧"。这件书迹无款印，原是附在元佑二年（1087），寄扬州友人王巩二诗之后，今已单独成一帖。前面原有识语，说："王晋卿（诜）数送诗来索和，老懒不喜作，此曹狡猾，又频送花来促诗，戏答。"诗中说：你送来的花香气袭人，仿佛使平日修行禅定的功夫都被扰乱了，但我毕竟已过了中年，今春欲写诗，思路艰涩，像在逆水的滩头行船一样。可知原诗是为王诜所作，表示难于作诗，确实有开玩笑的意思。此帖中明着有些微恼似的，但从那些轻快狡黠的字里行间，读到闲适的惬意：王诜写了好几首诗来送给我，想让我与他和诗，我年纪大了懒，不想干这事儿。这家伙倒是狡猾，送诗之后又送花来催促我写诗，于是我就写了这首给他，开个玩笑。

此帖笔势苍劲，拙胜于巧，肥笔有骨，瘦笔有肉，"变态纵横，劲若飞动"。其美韵不亚于行楷书。"山谷书法，晚年大得藏真（怀素）三昧，此笔力恍惚，出神入鬼，谓之'草圣'宜焉！"（草书《李白忆旧游诗卷》沈周题跋）此时黄庭坚的草书艺术已达到炉火纯青的地步。此时草书书法，深得张旭、怀素草书飞动洒脱的神韵，而又有自己的风格。用笔紧峭，瘦劲奇崛，气势雄健，结体变化多端。

黄庭坚平时写字用的笔墨纸砚也都非常讲究。其用纸墨，据清钱唐人倪涛撰《六艺之一录》卷三百八十之历朝书谱七十鉴藏篇所著录：黄鲁直行书曹子建师二首用澄心堂纸、李廷珪墨为之。他又曾专访龙尾山寻龙尾砚，在其《砚山行》中言及："新安出城二百里，走峰奔峦如斗蚁。陆不通车水不舟，步步穿云到龙尾。"

王辟之《渑水燕谈录》卷八有云："南唐后主留心笔札，所用澄心堂纸、李延珪墨、龙尾石砚，三物为天下之冠。"山谷所用之猩猩毛笔为友钱穆父所赠，也是稀世珍品。他曾在《戏咏猩猩毛笔》诗后跋云："钱穆父奉使高丽，得猩猩毛笔，甚珍之。惠予，要作诗。苏子瞻爱其柔健可人意，每过予书案，下笔不能休。此时二公俱直紫微阁，故予作二诗，前篇奉穆父，后篇奉子瞻。"可以说黄庭坚的杰出书法艺术是与其所用天下之冠的笔墨纸砚相生相耀的！

《花气薰人帖》赏析

海南鹧鸪斑紫油奇楠（中国香文化研究中心藏香）